认知
决定你的
格局

周　翔　陆云良　编著

民主与建设出版社

·北京·

图书在版编目（CIP）数据

认知决定你的格局 / 周翔，陆云良编著．--北京 ：民主与建设出版社，2024.11． -- ISBN 978-7-5139-4791-6

Ⅰ．B842.1

中国国家版本馆 CIP 数据核字第 20240T5R97 号

认知决定你的格局
RENZHI JUEDING NI DE GEJU

编　　著	周　翔　陆云良
责任编辑	唐　睿
装帧设计	尧丽设计
出版发行	民主与建设出版社有限责任公司
电　　话	（010）59417749　59419778
社　　址	北京市朝阳区宏泰东街远洋万和南区伍号公馆 4 层
邮　　编	100102
印　　刷	天宇万达印刷有限公司
版　　次	2024 年 11 月第 1 版
印　　次	2024 年 12 月第 1 次印刷
开　　本	670 毫米 × 950 毫米　　1/16
印　　张	12
字　　数	138 千字
书　　号	ISBN 978-7-5139-4791-6
定　　价	49.80 元

注：如有印、装质量问题，请与出版社联系。

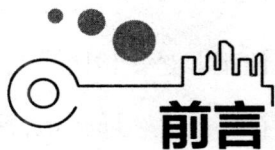

　　自古英雄多磨难。任正非在"生活所迫，人生路窄"时创办了华为，赚到第一桶金后，又赌上了身家搞研发，带领华为走上了技术自主创新之路，使华为不仅"活下去"了，而且"走出去"了，创造了一个"始于微末，发于华枝"的奇迹。

　　三十多年前，任正非向朋友筹来 2 万余元的本金，在没有人才，没有技术，没有产品，没有客户，也没有市场的条件下创立了华为。难以想象，一个这样的华为，是如何在他的带领下，成为如今世界通信行业的领军企业的。任正非的成功背后，到底隐藏着什么秘密？他又是如何预知美国制裁，提前打造"备胎"的？他于至暗时刻风轻云淡地化解危机，引领华为逆境突围，其中蕴含着怎样的智慧？答案就在他的认知与格局里。

　　认知，是我们对世界的理解，是我们对事物的看法和判断。它决定了我们的思维方式和行动准则。而格局，则是我们对事物的认知程度和范围，是我们心中的世界，反映了一个人的眼光、胸襟、胆识、气度和境界。认知决定格局，格局影响人生。华为创始人

i

任正非是一位比较具有格局的中国企业家，本书参阅整理了关于他在不同人生阶段的经历、文章及重要发言等资料，从认知和格局两大维度，向读者展示了包括如何应对人生困境、管理企业、凝聚人才、化解危机、自我修正等方面的"任氏智慧"。

在任正非的世界里，认知是那把开启未知之门的钥匙，它让他在面对技术封锁、市场竞争、国际风云变幻等重重挑战时，总能保持清醒的头脑，洞察未来的趋势，从而作出前瞻性的战略部署。而格局，则是他内心世界的广阔天地，容纳了对技术的无限追求、对人才的深切关怀、对市场的敏锐洞察以及对社会责任的深刻担当。这种格局，不仅引领华为从一个名不见经传的小企业成长为全球通信行业的领军者，更深刻地影响了中国乃至世界科技产业的发展轨迹。

阅读本书，你将深刻理解认知的重要性，认识到格局的力量。当下，我们每个人都在努力寻找自己的位置，试图在人生的舞台上留下深刻的足迹。让我们借鉴任正非的人生智慧，不断拓展自己的认知，提升格局，坚定信念，勇敢面对生活中的种种挑战，实现自己的人生价值。

目录

认知篇

I

格局篇

第六章 商业竞争：开放包容，不封闭，不排外

第七章 人才战略：华为只储备人才，不储备美元

第八章 客户第一：华为存在的唯一理由

认知篇

　　认知是人们获得知识或应用知识的过程，或进行信息加工的过程，是人最基本的心理过程。人的大脑接收到的外界信息，会通过大脑的"算法"转化成内在的心理活动，进而支配人的行为。大脑对信息进行转化的过程，就是认知的过程。任正非对事物的认知，与大多数人最大的不同就在于：他能将书本上的知识和从别人那里吸收的知识，变成适合自己的处世哲学和方法。

第一章

认知哲学：
从士兵到企业家的蜕变

出身平凡却不甘于平凡，即使遭遇困苦也不肯低头，人生路窄，那就闯出一条路。任正非的认知哲学，不仅体现在他对困境与苦难的态度上，更体现在他坚定的信念和清晰的思路上。他通过不断实践，逐步完成了从士兵到企业家的蜕变。

从部队里走出来的"学毛著标兵"

任正非，作为华为创始人，用实际行动重新定义了中国企业家精神。他的创业故事激励着无数企业家搏杀奋斗。他和他缔造的企业一样沉稳低调，历经沉浮坎坷，却最终披荆斩棘，登上了个人意志和时代的巅峰。

——中央人民广播电台

难以想象，三十多年前，在只有 2 万余元的创业本金，没有技术，没有产品，没有客户，甚至没有几个专业人士的条件下，任正非带领华为人凭借着满腔热情，艰苦奋斗，使华为成了世界级通信制造业的领军者。

1967 年，任正非面临大学毕业后的人生抉择；1968 年，他毅然决然地投身军旅，成了一名基建工程兵。

因为父亲的"历史问题"，在军队中，任正非除得到"学毛著标兵"的口头表彰外，再没有获得过任何嘉奖。任正非回忆道：

"无论我如何努力，一切立功、受奖的机会均与我无缘。在我领导的集体中，战士们立三等功、二等功、集体二等功，几乎每年都大批涌出，而唯我这个领导者，从未受过嘉奖。"

这些看似遗憾的经历，反倒塑造了任正非淡泊名利、宠辱不惊的性格。他曾坦言自己已习惯了这种不应得奖的平淡生活，这也培养了他不争荣誉的心理素质。任正非的这段军旅生涯，是他人生中意义重大的气质锻造时段。任正非回忆创业经历时曾多次谈及，曾经的苦难和军旅生涯，是他创业的宝贵财富。他曾公开表示："我的导师是毛主席！"

任正非的军旅生涯和"学毛著标兵"的经历，让他得以在创立华为后，将毛泽东的军事战略、政治思想与企业经营管理相结合，形成独特的管理理念，为他日后引领华为走向辉煌奠定了基础。

在华为，任正非倡导"让听得见炮声的人来呼唤炮火"，强调务实、高效、敢于创新。这一理念源于毛泽东军事思想，强调将指挥权交给一线作战人员，充分发挥他们的主观能动性。这种管理方式使得华为在面对市场竞争时，能够迅速作出反应，积极应对挑战。

例如，华为的市场战略，就是学习了毛泽东的作战思路，即把握好实事求是、群众路线、独立自主三点。所谓的实事求是，就是依据客观条件制定策略；所谓的群众路线，就是以客户为中心，还要长期保持艰苦奋斗，如果奢靡享乐就容易脱离客户；所谓的独立自主，就是坚持自主研发。

除市场战略外，华为的客户策略、竞争策略以及内部管理与运作，同样带着毛泽东思想的深刻烙印。任正非的内部讲话和宣传资料，更是经常性地运用战争术语，极有说服力。

作为一位军人出身的企业家，任正非经常与员工讲毛泽东、邓小平，谈三大战役、抗美援朝，讲得情绪激昂。他深信，在战场上，军人的职责是捍卫国家的主权和尊严；在市场上，企业家的使命是维护企业的市场地位。在现代商战中，核心技术是企业自立的根本，如若没有自己的科研支撑体系，企业地位便犹如空中楼阁。

在任正非的带领下，华为秉持核心技术自立的理念，在商战中不断砥砺前行。任正非明白，只有建立自己的科研支撑体系，才能在激烈的市场竞争中立于不败之地。这位军人出身的企业家，将军事精神融入企业管理，使企业在经济战场上展现出了顽强的生命力。

任氏智慧

任正非："我们这一代人因为特殊的时代背景，身上烙上了毛泽东时代深深的印记，对理想抱负狂热追求，充满激情而又不乏理性，似乎人生的目的就是通过不断的奋斗拼搏来达到一种自己向往的理想状态，过程比结果更重要。我对毛泽东的理解和传承并不仅仅是形式上的模仿，从毛泽东身上更多吸收到的是哲学思想方面的传承，其中最核心的就是辩证思维和自我否定的意识。"

华为诞生于"生活所迫，人生路窄"

> 我是在生活所迫，人生路窄的时候，创立华为的。那时我已领悟到个人才是历史长河中最渺小的，这个人生真谛。
>
> ——任正非

华为创始人任正非被西方媒体称为"中国最神秘企业家"，在2015 年的达沃斯论坛上，他解释自己很少在公众面前露面是因为自己不懂技术、财务，也不懂管理，怕回答不上来问题，就少亮相。被问及创业的动机，任正非说，做华为并不是意想之中的。任正非曾回忆道："我是在生活所迫，人生路窄的时候，创立华为的。"

我们可能领悟不到"生活所迫，人生路窄"这八个字的含义。1987 年创立华为时，任正非 43 岁，那时的他可以说是一个"非常失败"的中年人，面临失业、负债、离婚，这对于大多数人而言，都是痛苦的遭遇。

任正非从部队复员后，进入了深圳一家国企工作。当时他非常想要干出一番事业，对市场经济却没有任何了解，结果被骗了200万元，因此丢掉了工作。负债200万元，在20世纪80年代这可是个天文数字。

当时在很多人眼中，任正非是翻不了身的。你想象一下自己月工资只有4000元，却背上了4000万元的债务，会是怎样一种状态，就可以想象得出任正非当时的处境和压力。不仅如此，他还有两个孩子要抚养，还有父母和弟弟妹妹要照顾。

他女儿孟晚舟后来回忆当时在深圳的生活，说一家人就挤在一个小铁皮屋子里，为了省钱，母亲都是等菜市场快关门的时候，去买一些死鱼死虾。古人云："三十而立，四十而不惑。"任正非人到中年却身处困境，一无所有，陷入了生活的水深火热之中。了解到这些，再细品"生活所迫，人生路窄"八个字，可谓饱含血泪，道尽艰辛。"衡量一个人成功的标志，不是看他登到顶峰的高度，而是看他跌入低谷后的反弹力。"这句话在任正非身上得到了极好的诠释。那些曾经的苦难，后来成了他登顶事业高峰的基石。

从任正非的人生历程中，我们看到了他那颗不屈的心，面对重重困境，他选择了勇往直前。生活中，我们总会遇到各种困难，任正非用他的经历告诉我们，这些困难最终可以塑造我们的性格，是我们成就事业的考验。

任氏智慧

任正非："我看过云南的盘山道，那么艰险，一百多年前是怎么确定路线，怎么修筑的，为筑路人的智慧与辛苦佩服；我看过薄薄的丝绸衣服，以及为上面栩栩如生的花纹是怎么织出来的，而折服，织女们怎么这么巧夺天工？天啊！不仅万里长城、河边的纤夫、奔驰的高铁……我深刻地体会到，组织的力量、众人的力量，才是力大无穷的。"

什么办法都想过，就是没想过投降

我们曾经准备以[①] 100 亿美金把这个公司（华为）卖给一个美国公司。因为我们大家都知道，我们再发展下去，就会和美国在某些领域碰撞。准备卖给人家的时候，合同也签订了，所有手续也办完了，我们还穿花衣服在海滩上跑步比赛。但是突然美国那个公司董事会发生了变化，新董事长否决了这项收购。

——任正非

华为在发展过程中遇到的困难和挑战多得不可想象，其中最广为人知的故事就是，任正非曾经想以 100 亿美金的价格把华为出售给美国的摩托罗拉公司。这在我们看来，简直难以置信。任正非怎么会想要将自己辛苦创立的公司出售给美国公司呢？原本已经达成

---

① 原话中这里是"用"，为了让语句更便于理解且符合逻辑，修改为"以"。

交易，美国公司为什么又反悔了呢？

2000 年左右，华为已经是中国最大的通信设备供应商了，业务也拓展到了国外，但是与爱立信、诺基亚、摩托罗拉等国际巨头公司相比，在技术水平上差距仍然非常大，同时还受到以美国为主的某些西方国家的抵制和打压，例如被美国指控侵犯知识产权、威胁其国家安全等。

当时，如果不卖掉公司，就只有不断加大研发投入，提高自己的技术能力这条路可走。对于当时资金并不雄厚的华为来说，卖掉公司是相对保险的发展路子。用任正非的话来说，就是一群中国人戴着一顶美国"牛仔帽"，实现自己的发展。

在任正非看来，与美国摩托罗拉这样的大企业达成交易，不仅能得到一大笔的资金来确保自己的发展，还能通过引进国外的先进技术和管理经验，让华为在技术上获得突破和升级，增强核心竞争力。此外，还能在国际市场上获得保护和支持，不再受西方国家的限制和干扰，提高华为品牌的市场份额和影响力。因此，任正非希望可以借此机会，让华为实现转型和提升。

然而，任正非出售华为的计划并未获得美国人的认同，反而受到美国方面的嘲讽。他们认为，任正非不过是在玩弄小聪明，试图以华为作为筹码，从美国换取技术和市场优势。

任正非并未因此而灰心丧气。美国人的短视，反而激发了他将华为打造为强大企业的动力。他正视自身的不足，分析了自己的优势，决定不再出售华为，秉持"自主创新，开放合作，客户至上，永不止步"的经营理念，在人才和研发方面不断加码。

在任正非的领导下，华为历经一次次变革、一次次突破。在技术方面，他投入了大量资源和精力，致力于芯片、软件、云计算等关键领域的研发，取得了显著的成果。在市场方面，华为成功开拓了亚洲、欧洲、非洲等地区的市场，赢得了众多客户，在国际上的知名度和声誉得到不断提升。

决定坚决不再出售华为后，任正非就开始布局与美国在顶峰相遇，耗资几千亿做"备胎计划"，为打赢"科技上甘岭"战役做足了准备。这也是后来面对美国几轮制裁，华为依然能逆势而上的底气。

反观摩托罗拉，与华为的收购交易流产后便逐渐走向了末路。2010 年，摩托罗拉起诉华为，指控其窃取商业秘密。这是摩托罗拉首次向华为发起挑战。2011 年，华为以知识产权侵权为由起诉摩托罗拉。2011 年，谷歌以 125 亿美元的价格收购摩托罗拉移动部门。三年后，谷歌又将它出售给了中国的联想公司。

一口吃不成胖子，同样，事业上的成就也难以在短期内达成。我们不能只将"奋斗"挂在嘴边，却不付诸行动，光是幻想着静待成功，不仅触不到事业成功的果实，还有可能失去原本拥有的宝贵机遇。时势造英雄，英雄亦能造时势。现在来看，任正非创立华为是偶然，华为在任正非的领导下取得后来的成就却是必然。

任氏智慧

任正非:"我创立华为以后,就要去琢磨'到底市场经济为何物'。我在研究时阅读了许多法律的书籍,包括欧美很多法律书籍……我就悟出了一个道理。市场经济就两个东西:一是客户,一个是货源,两个的交易就是法律。客户我不能掌握,那我应该掌握货源。我以前就是搞科研的,接下来我们就研究产品,把产品做好卖给客户。"

40 亿元拜师 IBM，十年磨一剑

我们不要把创新炒得太热。我们希望不要随便创新，要保持稳定的流程。要处理好管理创新与稳定流程的关系。尽管我们要管理创新、制度创新，但对一个正常的公司来说，频繁地变革，内外秩序就很难安定地保障和延续。

——任正非

20 世纪 90 年代，中国市场正处在变革当中，当时的任正非在等一个机会。1991 年，邬江兴首次研发出了万门级的 HJD04（巨龙 04 机）数字程控交换机，这让任正非大受鼓舞。

任正非预见了一个崭新的时代即将到来，或者说，邬江兴的成功让任正非看到了希望。任正非想要研发属于华为自己的数字程控交换机，但遭到了公司管理层的普遍反对。公司管理层的反对并不是没有道理的。将公司辛辛苦苦赚到的利润投入到研发中，要是打了水漂怎么办？

　　自主研发对当时的企业来说意味着什么？任正非曾在研发动员大会上对干部们说道："这次研发如果失败了，我只有从楼上跳下去，你们还可以另谋出路。"最终，华为顶着巨大的压力，在1993年研发出了C&C08数字程控交换机[①]，并迅速占领了市场。

　　1997年至1998年，华为进入野蛮生长阶段。一方面，华为开始由农村"杀入"城市，人才如潮水般涌入，营收也高速增长；另一方面，财务管理却不规范，组织体系也比较落后。当时，任正非甚至搞不清公司有多少人，该怎么发工资。他心里越来越不踏实，生怕华为就像一个不断增大的泡泡，说不定哪天就破裂了。在他的认知里，体系构架改革已经迫在眉睫了。

　　于是，任正非率领企业骨干踏上了赴美考察的旅程。考察期间，任正非被IBM（国际商业机器公司）的管理流程吸引了。他清楚，若将此套体系引入华为，就能整合华为的研发、市场、供应链及财务等部门，提升效率，且大幅降低成本。其实，在赴美考察之前，任正非还曾发出过疑问：为何年销售额达30亿美元的王安电脑公司，如今却到了破产的境地？实力雄厚的日本三菱集团，为何选择退出电脑生产领域？

　　IBM为华为举行了诊断报告会，阐述了对华为管理问题的十大诊断，结论是"华为是一家量产型公司"。任正非提出质疑。他表示，华为每年将销售额的10%投入研发，应视为一家创新型公司。

---

① 该型号数字程控交换机中的"C&C"可理解为计算机与通信（Computer&Commu-nication），08是一个代号。

IBM 团队回应道："那么，请阐述创新型公司的界定标准是什么？量产型公司与创新型公司的区别又是什么？"

对于科技型企业而言，技术无疑是核心竞争力。IBM 开出了 20 亿元的咨询费报价，涵盖了 IPD（集成产品开发）、ISC（集成供应链）、IT（信息技术）系统重建、财务等八个方面的管理变革。任正非带领华为从 IBM 那里学到的不只是管理模型，更是认知上的本质转变。实际上，这 20 亿元的咨询费支付的只是 5 年的服务，5 年之后，IBM 又被任正非请来做组织流程改造。前后大约 10 年时间里，华为累计向 IBM 支付了 40 亿元左右的咨询费。

1998 年华为的营收为 89 亿元，2018 年华为的营收却达到了惊人的 7212 亿元（约合 1070 亿美元），而 2018 年 IBM 的营收为 795.91 亿美元。华为不仅在自身发展上实现了质的飞跃，更在业绩上超越了曾经的"老师"，真正做到了"青出于蓝而胜于蓝"。

企业领导者必须具备高瞻远瞩的眼光和卓越的认知，明确关键所在，熟知在不同发展阶段应采取的策略，还要深入理解投入与回报之间的内在联系，当必须在短期利润与长期利益之间作出抉择时，应毫不犹豫地选择后者。这就是任正非和他的华为公司为我们贡献的宝贵智慧。

任氏智慧

任正非："十年来我天天思考的都是失败，对成功视而不见，也没有什么荣誉感、自豪感，而是危机感。也许是这样才存活了十年。我们大家要一起来想，怎样才能活下去，也许才能存活得久一些。失败这一天是一定会到来，大家要准备迎接，这是我从不动摇的看法，这是历史规律。"

别神化我，我就是"一桶糨糊"

我不是一个聪明人。如果我聪明的话，就不会从事电信行业。如果我去养猪的话，这时可能是中国的养猪大王了。因为猪很听话，猪的进步很慢，电信的进步速度太快，竞争很惨烈，不努力就要落后，甚至死亡。

——任正非

华为取得巨大的成就，加诸在任正非这位创始人身上的光环也越来越多。有人说他是杀伐果断的"统帅"，有人说他从小就是天才……面对这些言论，任正非哭笑不得地表示："人一成功后，容易被媒体包装他的伟大，网络媒体都想把我'神化'了，那是他们没有看到我抱头鼠窜的样子。"

2019 年，任正非接受中央电视台《面对面》采访时，主持人问他："美国压境的时候觉得您是民族英雄，您愿意接受这样的称号吗？"任正非笑着回答说："不接受，狗熊。我根本就不是什么英雄，我从来都不想当英雄。任何时候我们是在做一个商业性的东西，商品的买卖不代表政治态度。这个时代变了。怎么买苹果手机就是不爱国？哪能这么看？那还开放给人干什么？商品就是商品，商品是个人喜好构成的，这根本没啥关系。媒体炒作有时候偏激，偏激的思想容易产生民粹主义，对一个国家是没好处的。"

主持人又问："那您觉得您希望民众现在用一种什么样的心态面对华为这样的公司？"任正非回答道："不需要。希望他们没心态，平平静静、老老实实种地去，该干什么干什么，多为国家产一个土豆就是对国家的贡献。"

谈到业界说他神秘、伟大时，他表示自己其实名实不符，也不是为了抬高自己而隐藏起来，华为真正聪明的、厉害的，是华为十几万的员工，以及客户的宽容与牵引。任正非说："我只不过用利益分享的方式，将他们的才智黏合起来。"

提及网络媒体对他的"神化"，他谦虚地回应，自己并不聪明，上学时很贪玩，学习成绩也不好。创业也是被生活所迫，更没有"称霸世界"的野心，最大的愿望就是"活下来"。创业之初也根本没有什么伟大的梦想，只是走过了崎岖艰辛的道路，艰难地爬上了山坡，才明确了自己的发展方向。

任正非表示，创业是艰险的，压力是巨大的，发展越快，矛盾就越多，各种问题交织在一起，靠一个人是力不从心的。其实华为只是近十年才下定决心走向世界前列，但不是世界第一，这个"第一"是社会给华为编造的。

华为的发展史和任正非的领导智慧，给了我们所有人一个重要的启示：人生就像爬一座山，在山脚下时我们望而生畏，但只要迈出第一步就是好的开端。虽然路上布满荆棘，会让我们遍体鳞伤，但是只要爬上山顶，视野就开阔了，自然也就有了目标。迈出的第一步是最艰难的，也是最重要的，哪怕最初我们没有明确的目标，只要爬得够高，目标自然就会出现在我们的视野内。

任氏智慧

任正非："成功不是走向未来的可靠向导，我们需要将危机意识更广、更深地传播到每一个华为人身上。谁能把我们打败？不是别人，正是我们自己。古往今来，一时成功者众多，持久的赢家很少。失败的基因往往在成功时滋生，我们只有时刻保持危机感，在内部形成主动革新、适应未来的动力，才可能永立潮头。"

"中华有为"是梦想，更是使命

我们必须要建立一个严格认真的管理平台，我们才能在上面"跳舞"，平台的作用化解了很多（问题），没有平台，就不可能有网络战争的成功，我们这个技术平台的建设，是非常重要的。

——任正非

1987 年，43 岁的任正非找朋友凑了 2 万余元，在深圳成立了华为公司。任正非后来说过，当初将公司起名为"华为"，就是寓意"中华有为"，为中华的崛起而为之。那时的他只想着怎么让华为"活下来"，根本想不到华为会发展成现在的规模。

任正非一直有很强的忧患意识，当时华为的最高战略和最低战略都是活下去。1992 年，华为营收突破了一亿元人民币大关，在年终大会上，任正非泪流满面地说了一句话："我们活下来了。"活下来的华为在任正非的带领下，把大部分盈利投入到自主研发和人才积累中去了。

一家企业，如果首先考虑盈利，那么"拿来主义"显然比自主研发更容易赚钱，这本就无可厚非。当国内一众企业家大谈创业经的时候，任正非却很少出现在公众视野中。接受采访时，谈到公司盈利越来越多时，任正非却说："盈利太多就是我们战略投入不够，我们战略投入够一点，那我们今天的困难就少一点。"

2019 年前后，中美贸易摩擦不断升级，华为遭受美国多轮制裁和打压，任正非接受央视记者采访时，记者问道："任正非先生，您为什么不操心华为，反而关心教育问题？您为什么要操一份也许在别人看来是闲心的心？"任正非的回答十分简单，却又非常有力："爱国，爱这个国家，希望这个国家繁荣富强，不要再让人欺负了。"

中美贸易战愈演愈烈的时候，华为遭遇美国连续的制裁和打压，社会上爱国情感和民族情绪空前高涨，任正非却呼吁大家不要让爱国变成民粹主义，不要让没钱的老百姓，去救一个有钱的华为，国家的未来和前途在于开放和包容。

正所谓"不谋全局者不足谋一域"，当整个社会的爱国情怀高涨之时，任正非与华为作为"实体清单"制裁的受害者，不但没有利用这种民族情绪，反而保持了清醒的认识，可见任正非是少有的清醒者。

任正非曾表示，华为是一家怀抱理想的企业，它致力于推动中国科技的发展，目标是占领科技世界的最高点。终有一天，华为会与美国在山顶相遇，届时美国可能会试图将华为击退。面对这样的情况，华为可能会往下滑一点，再起来爬坡，但总有一天会爬到山顶。这个时候，华为绝不会选择和美国人"拼刺刀"，而是会去拥抱他们，因为大家共同为人类服务会更好。

鲁迅曾说："我们从古以来，就有埋头苦干的人，有拼命硬干的人，有为民请命的人……这就是中国的脊梁。"任正非或许正用他的行动践行着这句话。

任氏智慧

任正非："从来都是学生超过老师的呀，这不是很正常嘛。我这个学生超过老师，老师不高兴打一棒，是可以理解的嘛。美国是我的老师，然后他看到学生超过他（就）不舒服，也很正常的嘛。没关系啊，然后写论文的时候，以后加一个名字，把他放在前面就行了，我放在后面不就完了吗。"

第二章

管理智慧：本可以领航业界，却甘愿屈尊做"傀儡"

　　任正非是华为的创始人，也是华为的灵魂人物，他却称自己是华为的"傀儡"。他说自己不懂技术，不懂IT，甚至连财务报表都看不懂，只负责在文件上签上自己的名字。任正非的谦逊，恰恰是他的管理智慧的体现。任正非能够认识到自身的不足，相信团队的力量，相信员工的智慧，舍得放权，懂得把合适的人放到合适的位置上。在他的管理认知中，团结合作的力量才是无比强大的。用任正非的话说，是华为无数优秀员工夹着自己，把华为推向了巅峰。

《华为基本法》铸就华为精神

> 爱祖国、爱人民、爱事业和爱生活是我们凝聚力的源泉。责任意识、创新精神、敬业精神与团结合作精神是我们企业文化的精髓。实事求是是我们行为的准则。
>
> ——《华为基本法》

《华为基本法》构建的华为企业价值观，将爱国放在了首要位置。《华为基本法》的"核心价值观"体现了华为的"追求"和"精神"，不是将物质视为企业发展的根本动力，而是将爱祖国、爱人民、爱事业和爱生活作为华为凝聚力的源泉。在任正非的管理认知中，企业做创新、做研发、做品牌等都和国家的发展及复兴息息相关，任正非"国兴企业强"的理念也始终贯穿在华为的发展历程中。

华为创业取得初步成功后，任正非意识到，"过去的成功不意味着未来的成功，过去的成功经验是我们的宝贵财富，但是经验如果不能上升为理论，不能抓住成功经验的本质，就有可能使我们陷入故步自封的窘境"。华为需要总结过去成功的经验和失败的教训，凝聚成华为的企业文化，使其成为公司上下的共识。

因此，《华为基本法》的编制工作提上了日程。但是任正非对公司内部人员编制的大纲并不满意，于是请来了中国人民大学的教授来完成这项工作。在任正非看来，公司内部人员做这项工作，会有"当局者迷"的主观局限性。经过反反复复的修改，任正非才审核敲定了《华为基本法》。

《华为基本法》字字精练，却涉及广博，没有亲身经历过华为成长的外部人士，可能无法透彻地了解它。但是，透过《华为基本法》，我们可以看明白华为到底是什么，为什么它能成为今天的华为。任正非以《华为基本法》为纲领，把华为打造成"奉献者一定得到合理的回报"，让每一个有追求的人、愿意奋斗的人，实现梦想的地方。

任正非经常鼓励员工："我们要用《基本法》去武装队伍，建立所有员工认同的价值观……对《基本法》的每句话你都清楚明白了，你就具备了当领导的资格。"同时，任正非也不止一次指出，企业文化要落实在价值奉献上，不搞形式主义，不搞空中楼阁式的管理，"如果《华为基本法》不能落实到具体工作当中，不去实践，那它的意义也不大。不去做实，就没必要学习，我们的目的是实现公司的可持续发展"。

热爱是企业凝聚力的源泉，精神是企业的内驱力，任正非站在总揽全局的高度，借《华为基本法》将责任意识、敬业精神、创新精神、团结合作精神凝为一体，是华为企业文化的精髓，明确了华为"我是谁，我从哪里来，要往哪里去"的问题，确立了企业的目标、组织构架、基本原则、内外关系和运行逻辑，使华为内部从精神层面到现实层面完成了统一。可以说，《华为基本法》是任正非管理智慧和认知哲学的系统性归纳，铸就了华为精神。

当前，华为正处在第二次创业期，走向世界、引领世界成了华为的主要目标。《华为基本法》也将引领华为的又一次巨大变革，华为人坚信：华为必将有为。

任氏智慧

任正非："乌龟精神被寓言赋予了持续努力的精神，华为的这种乌龟精神不能变，我也借用这种精神来说明华为人奋斗的理性。我们不需要热血沸腾，因为它不能点燃为基站供电。我们需要的是热烈而镇定的情绪，紧张而有秩序的工作，一切要以创造价值为基础。"

全员持股，与奋斗者共享成功

> 我们实行员工持股制度。一方面，普惠认同华为的模范员工，结成公司与员工的利益与命运共同体。另一方面，将不断地使最有责任心与才能的人进入公司的中坚层。
>
> ——《华为基本法》

全员持股在华为崛起的过程中，起着不可估量的作用。在华为虚拟股份机制中，华为创始人任正非所持有的公司股份已经减少到了 0.65%，其余 99.35% 的股份都由员二持股会代表员工持有。正如任正非所说，他的工作就是"用好人，分好钱"。任正非不仅会分钱，而且舍得分钱。随着华为不断发展壮大，任正非没有先把自己的口袋装满，而是乐于把员工的口袋塞满，这极大地激发了员工的工作热情和潜能。

任正非在创立华为之初就设计了员工持股机制，开了国内民营企业股权激励的先河，将华为从某个人的华为，变成所有华为人的华为。华为的全员持股制度几经变革，先后有内部股、虚拟股票期权、虚拟受限股、TUP（奖励期权计划）、ESOP（员工持股权计划）等，如今，有超过10万华为员工持股。因为华为持股员工享受的是公司净资产增加所带来的股份增值以及年终分红，所以，作为华为持股员工，想要获得更加丰厚的回报，就要多给公司创造价值。

对此，任正非说："我创建公司时设计了员工持股制度，通过利益分享，团结起员工，那时我还不懂期权制度，更不知道西方在这方面很发达，有多种形式的激励机制。仅凭自己过去的人生挫折，感悟到与员工分担责任，分享利益。创立之初我与我父亲相商过这种做法，结果得到他的大力支持。这种无意中插的花，竟然今天开放到如此鲜艳，成就华为的大事业。"

正是任正非这种舍得分钱的格局与魄力，让员工变成了企业的主人，员工为华为打工，就是为自己打工，员工与公司利益牢牢地捆绑在了一起，结成了命运共同体。全员持股，与奋斗者分享利益，共享成功，极大地提高了员工的内驱力，将华为带入了高速发展的快车道。

虚拟股票激励模式（公司授予被激励对象的一种虚拟股票，激励对象可以以此享受公司分红及股价升值收益。虚拟股票持有者可以享受公司分红，但没有所有权和表决权，也不能将其转让和出售）是目前世界各国企业普遍应用的一种股权激励方式，但实行这种全员持股的虚拟股票机制的企业，华为是世界上第一家，即便是宣称"人人是股东"的沃尔玛也没有做到这种程度。任正非坦言，自己在设计这种制度的时候，主要是受到了父母不自私、节俭、忍耐与慈爱等品质的影响，华为的股份也只分配给还在为华为奋斗着的人。

经过三十多年的探索和梳理，华为的股权激励机制已经比较完善，形成了价值创造、价值评价、价值分配三位一体的闭环核心激励机制。华为的发展促成了华为员工的成长，实现了每个人的自我超越，而员工的快速成长，又促进了华为的高速发展。

任氏智慧

任正非："我最重要的工作就是选人用人、分钱分权。把人用好了，把干部管好了，把钱和权分好了，很多管理问题就都解决了。"

在公司我只是个"傀儡"

现在我不是华为的精神领袖，而是傀儡领袖。我在这儿像傀儡一样，轮值、常务董事会……各种机构努力在运作，我就像泥菩萨在庙里，象征性意义……

——任正非

对于很多领导者而言，权力具有无法抗拒的诱惑力。在很多公司，高层管理者视权力为地位和实力的象征，他们难以忍受失去权力的滋味，更不愿意沦为"流程的傀儡"。但在华为的改革中，权力被全面导入流程，流程成为实际掌控者，领导者只能担任规则制定者的角色。这种变革，对传统的权力结构无疑是一种颠覆性的冲击。

任正非在接受《南华早报》采访时说："向西方学习流程以后，每个环节都拥有权力。如果要越过权力去干预时，只能在规则上改变，改变规则是我们的权力，但规则不能说改就改，要反复讨论才能改……我们内部最高层领导，越高层的领导越没有权力，都通过授权授出去了。"

任正非用他的智慧证明，伟大企业的成功并非依赖于个人，而是要靠团队的力量。任正非领导的团队齐心协力地追求共同目标，华为因此无往不利。华为改革的成功，证明了将权力全面交给制度和流程管理的可行性。向西方学习先进的管理经验，在不断的实践中形成自己独有的管理方式，才是华为成功的关键。

与西方崇尚个人英雄主义不同，中华文明更崇尚集体主义，相信集体的智慧与力量，如果中华民族团结一心，就没有什么敌人是不可战胜的。任正非和他领导的华为靠着艰苦奋斗的精神，攻克一个个难关，成了中华民族伟大复兴路上的一个缩影。

关于华为未来的发展，任正非在接受采访时说："华为的未来不用我想，我们下面的人就应该想得比较清楚，他们只是希望得到我支持一下就行了。我不需要具体地去操心华为太多的事情。我在华为已经是个傀儡了，这傀儡就是人家来问你一下就算数，不问我，我就不知道。"

事实也正如任正非自我调侃的那样，如今的华为已不再需要他过多操劳，公司未来的发展，下面的人早已深思熟虑，汇报一声，不过是为了求得任正非的支持，无论任正非是否支持，他们都会坚定不移地向前推进。

华为改革的结果是将权力完全交给制度和流程管理，领导者仅担任规则制定者的角色，变成了流程的"傀儡"。

毫不夸张地说，即便任正非不再管理华为，这家公司也依然会蓬勃发展。因为华为已具备了独特的灵魂和精神，而这一切都要归功于任正非的英明睿智。华为今天的辉煌成就犹如一面镜子，映射出他的智慧和格局。

任氏智慧

任正非："因为我们公司在改革之初，IBM顾问做咨询时提出一个条件，'改革的结果就是把你们自己的权力干掉'。他们讲得很清楚，改革把所有权力都放到流程里，流程才拥有权力，最高领袖没有权力，只能做规则。因此，改到最后，结果我就成'傀儡'了。我越是'傀儡'，越证明公司改革成功。"

是轮值制度救了我们

> 西方国家虽然发明了流程权力，但是西方公司还是把权力寄于 CEO（首席执行官）一个人，什么事情都由 CEO 说了算，万一 CEO 打瞌睡，没有接电话怎么办？而我们很多事，我们都不知道就循环完了，可以有小循环、中循环、大循环，自我循环优化，不同的循环有不同的流程、不同的权力分配、不同的监督机制。这些方面，我们都是认真学习世界先进的管理经验。
>
> ——任正非

华为创立之初和大多数企业一样，创始人任正非担任 CEO，华为的决策和战略都由他一个人制定。任正非回忆，华为刚刚成立时，公司的管理非常混乱，他完全是任由各地的"游击队长"自由发挥，前十几年没有开过类似办公的会议，自己总是飞到各地去听取他们的汇报，他们说怎么办就怎么办，自己做的就是理解他们，支持他们。研发方面更是乱成一团，像玻璃窗上的苍蝇，乱碰乱撞，根本没有清晰的方向。

2004 年，美国顾问公司帮华为设计组织结构时，发现华为还没有中枢机构，高层也只是空任命，于是提出建立 EMT（Executive Management Team，经营管理团队）。任正非不愿出任 EMT 的主席，于是决定由八位高管轮流执政，他自己只保留了一票否决权。华为由此开始了轮值主席制度，轮值主席制度也是华为现在的轮值 CEO 制度的雏形。

当值的轮值董事长是公司的最高领袖，不当值的轮值董事长起辅助和制约的作用。轮值董事长的权力是有制度制约的，用任正非的话说就是"王在法下，王在集体会议中"。不当值的轮值董事长也是在工作的，要做好充分调研，充好电，为上台后的改革工作做好充足的准备。

轮值制度终结了华为管理混乱的时代，成为华为快速崛起的至关重要的因素，其优势主要体现在以下七个方面：

一是避免了权力的过度集中，实现了公司治理的多元化，为华为日后成为跨国集团公司铺平了道路。

二是轮值制度让更多管理人才有机会接触公司高层管理，为培养接班人和公司的长远发展打下了坚实的基础。

三是轮值制度让公司的管理更加透明，提高了华为的公信力。

四是轮值制度增强了管理的灵活性和适应性，满足了华为快速发展的需求。

五是轮值制度为华为带来不同的管理风格和思路，促进了公司的创新和发展。

六是轮值制度帮助华为规避了一人决策可能出现的风险，可以快速纠正错误决策。

七是轮值制度规避了 CEO 离职给企业带来的风险，保证了华为的稳定发展。

华为轮值 CEO 制度是一种创新的管理模式，也是任正非典型的放权式企业管理模式，体现了任正非作为华为这艘巨轮的掌舵者所具有的高瞻远瞩的格局与智慧。轮值制度保证了华为的活力和创新能力，避免了公司内部的腐败和管理的僵化，为华为的可持续发展和走向世界舞台奠定了基础。

任氏智慧

　　任正非："轮值的作用：一、让公司长期保持新鲜感；二、保持干部稳定性；三、下台期间就是他的准备再次上台充电时间。他在全世界跑，指导工作是起作用的，因为他也是高级领导。他与各个部门去座谈，已经胸有成竹，上台以后如何进一步推动改革，做准备。上台以后当机立断要处理问题。他要充电，是下台后的期间充电，（上台了没有时间充电）保持合理的循环。应该说，轮值机制整体是比较成功的。"

不断成熟的"任氏管理法"

当了老板，才会知道当老板的不易。企业就是个绞肉机，各种矛盾与冲突都绞杀着老板。老板就不是人，公司发展好了，不能高兴，公司做不好，老板不能不高兴，完全是违背人性的。

——任正非

从拜师 IBM，到形成具有华为特色的管理模式，任正非的"任氏管理法"也随着华为的不断发展壮大而不断成熟。前面提到任正非在管理中舍得放权，舍得分享利益。但怎样放权？放权后怎样管理华为这个规模庞大的公司？怎样保证公司前行方向和高层决策的正确性？任正非用他的认知和智慧给出了答案。

任正非认为，在公司管理层面，不需要任何黑色或白色的观点，这种非对即错的观点最容易鼓动人心。作为一家企业，管理恰恰需要介于黑色与白色之间的灰色。在任正非看来，完美的人是没有用的，一看这个人追求完美，就知道这个人没有希望。这个人是变化的，这个人有缺点，缺点很多，这个人就需要好好观察，看能在哪方面重用他。

在管理过程中，意见出现分歧时，如果非要将事情争论清楚就很容易走向极端。这种看似公平的方式，往往并不能解决实际问题，还会让事情恶化。于是，任正非提出了"灰度"理论，即当出现两种截然相反的意见或方案时，如果不能确定哪种正确，就将争论引入黑白之间的灰色地带。

"灰度"理论是任正非管理思想的精髓，包含了开放和包容两大核心。任正非指出，极端思维会让管理过度，只有开放和包容才能消除冲突。正是开放和包容的"灰度管理"，让华为更加适应瞬息万变的市场环境，始终保持正确的前进方向，在竞争中立于不败之地。

"任氏管理法"有两大法宝，一个是"灰度"，另一个是制度。有位在华为创业阶段就加入华为的前员工，后来离开华为创办了自己的公司，任正非对此人评价非常高，说"他人非常聪明，懂技术，也懂营销"，但就是没有把公司管理好。究其原因，任正非说："原因就在他的腰上。"原来，这位前员工腰上每天都挂着一大串钥匙，甚至连仓库的钥匙都挂在身上。而任正非身上，一把钥匙都没有，华为很多办公楼的房间他是进不去的，甚至其工卡都没有进入数据中心、研发实验室等地方的权限。

钥匙是开锁的工具，也是权力的象征。身上的钥匙越多，也就意味着权力越大，合理授权越少，老板自身的责任就越大，员工个人价值感和成就感就越低。随着华为的发展，"任氏管理法"也不断成熟，而任正非不断从身上摘掉钥匙的过程，也是"任正非的华为"变成"华为的任正非"的过程。

任正非一直坚信集体的力量，他让制度代替自己身上的钥匙，以此守望华为。丢掉了钥匙的任正非不用分心去操心公司日常的大小事务，有了更多的时间和精力去关注客户，思考公司的战略，打造出了"力出一孔""以客户为中心"的华为。

任氏智慧

任正非："我们要清醒地认识到，面对未来的风险，我们只能用规则的确定来对付结果的不确定。只有这样，我们才能随心所欲，不逾矩，才能在发展中获得自由。任何事物都有对立、统一的两面，管理上的灰色，是我们（的）生命之树。我们要深刻理解开放、妥协、灰度。"

第三章

家国情怀："科技兴国"的
坚定信仰

纵观华为三十多年的发展历程，任正非领导着华为迈出国门，踏上国际化之路，将华为打造成了一个真正的全球化企业，深沉的家国情怀是他更深层次的原动力。当华为遭遇以美国为首的西方国家多轮制裁时，任正非却出乎意料地表示，他对华为的处境并不担心，反而更关心国家的教育和人才培养。他指出，国家发展需要人才，人才的培养需要教育，国家需要繁荣富强，不要再受人欺负了。爱国和为国家复兴而奋斗被任正非写进了《华为基本法》，"科技兴国"的坚定信仰已经刻进了他的骨子里。正是任正非深沉的家国情怀，赋予了华为特殊的精神特质和企业文化。

如果有人拧熄了灯塔，我们怎么航行

我们希望十年、二十年后，我国的大学担负起追赶世界理论中心的担子来。我们国家有几千年儒家文化的耕读精神，现在年轻妈妈最大的期望是教育孩子，想学习、想刻苦学习，这都是我们这个民族的优良基础，我们是有希望的，中国是可以有更大作为的。

——任正非

2020年7月29日至31日，任正非在复旦大学、上海交通大学、东南大学、南京大学座谈时说："我们公司也曾想在突进无人区后作些贡献，以回报社会对我们的引导，也想点燃5G这个灯塔，但刚刚擦燃火柴，美国就一个大棒打下来，把我们打昏了。开始还以为我们合规系统出了什么问题，在反思，结果第二棒、第三棒、第四棒……打下来，我们才明白，美国的一些政治家希望我们死。"

在任正非的领导下，华为一直以美国为"老师"，向美国学习，却又走出了一条截然不同的道路。某一天，美国这位"老师"发现，华为这个学生竟然走上了科技自主的道路，甚至在某些方面超过了自己，于是一个大棒打下来了。美国竭尽全力打压华为，掐断一切技术供给，这对于华为而言就像被拧熄了灯塔。

华为之所以遭受美国制裁，是因为华为在任正非的带领下，敢于投入大量资金搞研发，敢于在科技领域向美国发起挑战，敢于打破美国的科技垄断。美国打压制裁华为这一事件很好地证明了一点：核心技术买不来，讨不来，也要不来。这给很多坚信"造不如买"的企业敲响了警钟。华为被美国"卡脖子"是因为缺乏核心技术，能够在美国的制裁下"活下来"，依靠的也是自研核心技术。

"如果有人拧熄了灯塔，我们怎么航行？"任正非这句话既表明了当前华为乃至中国在科技领域正在遭受美国打压的严峻形势，也表达了他对未来的设想和布局。任正非认为，未来技术世界的不可知，就如一片黑暗中，需要灯塔。灯塔的作用是明显的，人类社会在自然科学上的任何一点发现和技术发明都会逐步传播到世界，引起相应的变化。在灯塔的照耀下，整个世界都加快了脚步，今天技术与经济的繁荣与英、欧、美、日、俄当年的技术灯塔作用是分不开的。

任正非还指出，如今点燃未来灯塔的责任要落在高校上，教育要引领社会前进。中国的未来与振兴要靠孩子，靠孩子唯有靠教育。多办一些学校，实行差别教育，启发创新精神，就会一年比一年有信心，一年一年地逼近未来世界的大门。

"如果有人拧熄了灯塔，我们怎么航行？"任正非提出这个问题的同时也给出了答案，那就是未来我们要自己点亮灯塔，并做灯塔的守护者！

任氏智慧

任正非："企业与高校的合作要松耦合，不能强耦合。高校的目的是为理想而奋斗，为好奇而奋斗；企业是现实主义的，有商业'铜臭'的，强耦合是不会成功的。强耦合互相制约，影响各自的进步。强耦合你拖着我，我拽着你，你走不到那一步，我也走不到另一步。因此，必须解耦，以松散的方式合作。"

让外国的科学家到中国来"生蛋"

　　为什么不能让外国的科学家到中国来"生蛋"？大家都知道，美国有非常多伟大的领袖、政治家、哲学家、科学家，大多出自穷困的东欧，我们为啥不能再把东欧的优秀人才引进到中国来"生蛋"？让他们有幸福的生活，让他们也感觉到好环境，这样中国能把大量世界人才，像美国一样把科学家吸纳到中国来，这个国家怎么不能"井喷"？

　　　　　　　　　　　　　　　　　　　　　　　——任正非

　　近现代，美国的经济与科技走在世界前列，也是世界人才的高地。任正非认为，美国之所以一直保持强大的国力，很大程度上是因为美国的开放，加之美国本身是移民国家，把全世界的人才都吸引到了美国，为美国的经济、科技创新与发展作贡献。

　　众所周知，美国硅谷是全球最强大的芯片和半导体制造区域。任正非发现，在美国的顶级芯片专家中，排名前五的都是中国人，排名前十的半导体专家中有六位来自华人群体。谈到人才流失，任正非曾经痛心地说："我们有时候跟外国人说，你把这个高科技卖给我们吧，你把这个东西卖给我们。当这个东西买回来的时候，把这个'蛋'一打开，发现这个'蛋'是'中国蛋'，是'中国鸡'跑到美国生了一个蛋，卖给我们，我们还交了关税，还高价买回来。为什么不能让自己的'鸡'在自己土地上生？"

因此，任正非一直强调人才的重要性和人才流失的严重性，对人才愈加重视，对人才投资的力度一再加强。任正非不止一次强调，我们是科技公司，人才是我们唯一的资源，只有留住人，才能保持研发和创新，攻克一个个难关。

在华为的发展过程中，任正非不仅推出了"天才青年"计划，开出百万年薪招收优秀毕业生，还亲自访问全国各地的大学，为华为招募更多的人才，让"自己的鸡"有在自己土地上"生蛋"的机会。不仅自己培养人才，任正非还在全世界范围内高薪网罗人才，将世界各国优秀的人才引进到中国来"生蛋"。事实证明，任正非的努力没有白费，每年都有大量全球优秀人才被高薪招入华为，为华为效力，这也成为华为能不断创新突破的原动力。

华为遭遇美国制裁时，包括西北工业大学在内的多所中国高校也遭到美国制裁，美国的这些动作给我们敲响了警钟：科学或许没有国界，科学家却有国界。2020 年，华为与西北工业大学合作打造"鸿蒙生态菁英班"，共同研发中国自己的操作系统。

21 世纪，对于一个国家和一个企业来说，最重要的就是人才。

美国对我国的科技进行封锁与制裁，这提醒着我们要加大力度培养和留住人才。任正非早在十几年前就意识到了这一点，多次公开表示中国科技要自立自强，并率先作出了具有远见卓识的决策，在世界范围内建立科研培训基地，将全球大量人才吸引到中国"下蛋"。事实证明，华为在美国的连续制裁之下不仅没有倒下，还实现了国产化，其培养人才、吸引人才、留住人才的完整体系厥功至伟。

任氏智慧

任正非："集体评议往往会埋没人才。'歪瓜裂枣'很多，我们的专家要识别他特殊能力的一面就行，也不用全面评价一个人，'不拘一格降人才'。比如，清华大学数学系主任熊庆来让只有初中学历的华罗庚破格进入清华大学，开启了华罗庚高水平数学的研究生涯；罗家伦当清华校长时，录取了数学成绩只有 15 分的钱锺书，成就了一位文学大师。初始职级，在校园招聘时可以定一次，在与优秀新员工喝咖啡时也可以再定一次，我们直接授权这批专家。"

向上捅破天，向下扎到根

大学不要管当前的"卡脖子"，大学的责任是"捅破天"。当然有一部分工科院校可以做这些工程、工业应用的突破事情，但是顶尖的综合性大学应该往"天上"走，不要被这两三年工程问题拖累，要着眼未来二三十年国家与产业发展的需要。①

——任正非

全球一体化时代，企业自主研发成本太高，利润远不如直接买成品划算，很多国内企业不愿意将资金投入到研发里面，在大多数企业领导者的认知中，一直是"建不如买，买不如租"。这种模式虽然能让企业有更高的利润空间，但是"卡脖子"的危险也会一直存在，企业的死活完全攥在了别人的手里，一旦遭遇西方国家的科

---

① 对原话的措辞有少许修改，以便语义更清晰。

技封锁或制裁，企业连活下来的机会都没有。

美国制裁，台积电芯片断供，一下就让华为手机业务陷入寒冬。虽然华为拥有优秀的芯片设计能力，但是我国半导体行业一直卡在芯片制造工艺上，在芯片制造方面，我们没有自己的生产设备和核心技术，设计出的优秀芯片造不出来，华为的手机终端业务几乎全部停摆，甚至不得不出售"荣耀"断臂求生。

2020 年，全球的目光都看向华为，想看在美国接二连三的高压制裁下，任正非这位华为创始人如何解决"卡脖子"的问题。任正非却在 2020 年 9 月 14 日至 18 日接连访问了北京大学、清华大学、中国科学院、自然科学基金委、北京航空航天大学等，华为心声社区也在 2020 年 10 月 27 日公开发表了任正非与部分科学家、学生代表座谈时，题为《向上捅破天，向下扎到根》的发言。

任正非的这次发言，又一次展现了他着眼未来、心系家国的认知和格局。当大多数人都在关心当下"卡脖子"的问题如何解决时，任正非却呼吁大学不要管当前"卡脖子"的问题，大学的责任是"向上捅破天，向下扎到根"。任正非在发言中说："大学是要努力让国家明天不困难。如果大学都来解决眼前问题，明天又会出来新的问题，那问题就永远都解决不了。你们去搞你们的科学研究，我们搞我们的工程问题。"

任正非在这次座谈发言中，再一次谈到了基础教育的意义，强调了科技创新需要开放和包容。任正非说美国因为开放才领跑全球，封闭会使他们重返落后，美国越讲中美科技脱钩，我们坚持开放和国际化，越要高举科技无国界，我们要坚持向一切先进学习，封闭是不会成功的。企业要和学校、科研院所建立良好交流合作关系，大学和科研院所应偏重科学理论，偏重发现，而企业应偏重技术、工程，偏重发明，两者结合起来力量才会更强大。大学不仅要重视科学理论、工程技术的研究，也要重视一些不以应用为目的的纯研究，要许一部分人是"梵高"，不然是不能向上捅破天的。

关于"卡脖子"的问题，任正非认为，如果简单地高喊科技创新，可能会误导改进的方向。科学是发现，技术是发明。文化是有东西方不同的，科学没有差别，真理只有一个。而技术发明是基于科学规律，洞察、创造出新技术，使之成为生产活动的起点。现在"卡脖子"的问题大多数是工程科学、应用科学方面的问题。应用科学的基础理论全世界可以用，去国外查一下论文，回来就做了，卡不住脖子。

任正非认为，大学"向上捅破天"的同时，还要"向下扎到根"。他说："我国的经济总量这么大，这么大的一棵树，根不强是不行的，不扎到根，树是不稳的，万一刮台风呢？我们拧开水龙头就出水的短、平、快的经济发展模式是不可持续的。"现在，我国材料等方面的基础工业还并不强大，很多种技术一年的需求量只有几千万美元、几百万美元甚至更少，但缺一种就会卡了一个国家的脖子，没有创新是支撑不了我们这么大的经济总量持续发展的。

在任正非的认知中，过河需要船和桥，过河的船夫就是人才，而人才来自教育，即便我们有了很好的科学目标，没有人才，振兴中华就变成了空喊口号。

任氏智慧

任正非："科学家要把'铁链'甩了，要有独立之思想、自由之研究，要让自己飞翔起来。谁知道飞的东西最后会不会有用？现在特别不主张去问高校的科学家：'这个东西有什么用啊？对国家有什么贡献啊？'这样，科学家把锚都锚在地下，就飞不高了。我们要允许几个'梵高'存在。"

打赢"科技上甘岭"战役

我们不管身处何处，我们要看着太平洋的海啸，要盯着大西洋的风暴，理解上甘岭的艰难。要跟着奔腾的万里长江水，一同去远方，去战场，去胜利。

——任正非

美国当地时间 2019 年 5 月 15 日，华为被列入美国商务部工业和安全局（BIS）的实体清单。北京时间 2019 年 5 月 17 日凌晨 2 点，华为海思总裁何庭波发表了《致员工的一封信》，吹响了华为"科技上甘岭"战役的号角。

早在 2003 年左右，任正非认为公司再发展下去，在科技领域就要和美国在顶峰相遇，于是打算将华为卖给美国的摩托罗拉公司，但这场商业交易由于该公司董事长换人而告吹。华为内部管理层商讨后决定，不再卖掉华为。任正非说，那从现在起，就要做好和美国在顶峰相遇的一切准备。从那时起，任正非就开始为一场连会不会发生都是未知数的"战役"未雨绸缪。他力排众议促成"备胎计划"，成立了海思半导体公司，为公司极限生存的假设做准备。

华为海思总裁何庭波在 2019 年 5 月 17 日发表的《致员工的一封信》中写道："多年前，还是云淡风轻的季节，公司做出了极限生存的假设，预计有一天，所有美国的先进芯片和技术将不可获得，而华为仍将持续为客户服务。为了这个以为永远不会发生的假设，数千海思儿女，走上了科技史上最为悲壮的长征，为公司的生存打造'备胎'。"

至暗时刻，华为默默无闻打造的"备胎"一夜之间全部"转正"，挽狂澜于既倒，确保了华为公司大部分产品的战略安全和连续供应，兑现公司对于客户持续服务的承诺。何庭波称这个至暗的日子"是每一位海思的平凡儿女成为时代英雄的日子"。

华为创始人任正非在武汉研究所的讲话中说，这是一场意料之中，也必须要打赢的"科技上甘岭"的战役。任正非说："如何打赢一仗，胜利是我们的奋斗目标。研发不要讲故事，要预算，已经几年不能称雄的产品线要关闭。做齐产品线的思想是错的，应是做优产品线，发挥我们的优势，形成一把'尖刀'……铺开了就分散了力量，就炸不开'城墙口'，形不成战斗力。"他强调："我们没有时间了，要和时间赛跑，力量太分散了，跑不赢。"

正如任正非所说，"胜则举杯相庆，败则拼死相救"。在芯片断供上，华为的"去美化""国产化"正在和时间赛跑。这是一场必须打赢的科技、经济之战，华为破局也是中国科技的破局，在这条跻上，"除了胜利，没有退路"。

华为在任正非的领导下，凭借勇气、智慧和毅力，在极限施压下挺直脊梁，奋力前行。2023年，美国商务部部长吉娜·雷蒙多结束访华之行返回美国，华为麒麟芯片和5G回来了……"科技上甘岭"是华为在极限压力下的反击战，为中国科技打开了一扇新的大门，创造一个新的局面。居安思危，做足备胎，事实证明，任正非的认知和远见，又一次拯救了华为。

任氏智慧

任正非："如何打赢一仗，胜利是我们的奋斗目标。研发不要讲故事，要预算，已经几年不能称雄的产品线要关闭。做青产品线的思想是错的，应是做优产品线，发挥我们的优势，形成一把'尖刀'。我们不优的部分，可以引进别人的来组合。终端推行'一点两面、三三制、四组一队'取得了一些经验，是正确的、成功的。关键是一点，我们要聚焦成功的一点，不要把面铺得太开。铺开了就分散了力量，就炸不开'城墙口'，形不成战斗力，这是'鸡头'在作怪。内地感觉不到'硝烟'，'鸡头'林立，故事很多，预算集中度不够，我们没有时间了，要和时间赛跑，力量太分散了，跑不赢。"

致力于打造中国的算力底座

人工智能的发展，算力是核心驱动力。大模型需要大算力，算力的大小，决定着 AI 迭代和创新的速度，也影响着经济发展的速度。华为致力于打造中国坚实的算力底座，为世界构建第二选择。我们将持续提升"软硬芯边端云"的融合能力，做厚"黑土地"，满足各行各业多样性的 AI 算力需求。

——孟晚舟

近两年来，各种大模型、生成式 AI 应用层出不穷，通过"人工智能 +"赋能现代化产业体系建设，人工智能将是引领新一轮科技革命和产业变革的重要驱动力，我国已在京津冀、长三角、贵州等八个地区布局建设全国一体化算力网络国家枢纽节点，而算力是发展人工智能的关键底座。

任正非在接受采访时多次提到，人类将在未来二三十年进入智能社会，华为在新的时代，将致力于把数字世界带入每个人、每个家庭、每个组织，构建万物互联的智能世界，为中国打造坚实的算力底座，为世界构建第二选择。任正非说："这既是激发我们不懈奋斗的远大愿景，也是我们所肩负的神圣使命。"

什么是人工智能？人工智能社会将是什么样子？2020 年 3 月 25 日任正非接受《华尔街日报》采访时说："严格来说，不要说十年，三年以后这个社会是什么样子，我都想象不到……5G 以后，最大的机会窗应该是人工智能，未来社会变成什么样子，还是不可想象的。"

华为 CFO（首席财务官）孟晚舟在华为 2023 年全联接大会上发表演讲，阐述了华为的全面智能化战略，称华为将致力于打造中国坚实的算力底座，为世界构建第二选择。孟晚舟在演讲中说，随着云计算技术的加速发展，华为在 2013 年提出了 All Cloud（全面云化）战略，加速数字化转型的升级，从 All IP（全面 IP 化）到 All Cloud，十年一个台阶，华为从未停止努力。人工智能时代，华为又提出了全面智能化（All Intelligence）战略，加速千行万业的智能化转型，为各行各业赋能。

算力是人工智能发展的核心驱动力，大算力才能支撑大模型，算力大小决定了 AI 迭代和创新的速度，算力的稀缺和昂贵制约着 AI 的发展，孟晚舟表示，华为将持续提升"软硬芯边端云"的融合能力，做厚"黑土地"，满足各行各业多样性的 AI 算力需求。

自 2018 年发布昇腾以来，华为累计发展了 30 多家硬件伙伴、1300 多家软件伙伴，孵化和适配了 50 多家主流大模型、2600 多个 AI 场景方案。华为通过 ICT 学院"智能基座"项目实现了产教融合，在全球与 2600 多所高校共建 ICT 学院，每年培养学生超过 20 万，联合中国 72 所高校深化"智能基座"项目，开设了 1600 多门课程，覆盖了 50 多万学生。

全联接大会的当天，华为发布了全新架构昇腾 AI 计算集群（Atlas 900 Super Cluster），新集群具备 800GE 端口能力，支持超万亿参数大模型训练，广泛运用于金融、政务、制造、电力、铁路等九大行业智能化解决方案中。这意味着华为在人工智能领域有了全部的解决方案，无论是硬件还是软件方面，都不再依赖美国技术和设备。

在 5G 还未普及的时候，任正非就多次称 5G 只是过渡，华为正在研发 6G，布局人工智能。在任正非的带领之下，华为顶着美国多轮制裁，在人工智能领域逆势而上，完成了一轮又一轮的突破。就像任正非说的那样，蒸汽时代、电气时代、科技创新时代，我们都是追赶者，在这一次的人工智能时代，华为要成为世界的引领者。

任氏智慧

任正非："如果我们不能急追世界的进步，那我们国家能振兴吗？不能振兴。未来二三十年人类将会发生一场巨大的技术革命，这场技术革命就是'人工智能'产生的极大社会推动。5G 只是给人工智能添了一个'翅膀'。因此，国家要充分看到这一点，国家的未来就是教育。"

如果不重视教育，我们会重返贫穷

我关心教育不是关心华为，是关心我们国家。如果不重视教育，实际上我们会重返贫穷的。因为这个社会最终是要走向人工智能的。（因为）你可以参观一下我们的生产线，20秒钟一部手机，从无到有……从我们公司的缩影，就要看到国家，放大着来看国家，国家也要走向这一步，否则国家是没有竞争力的。

——任正非

华为创始人任正非一直非常关心国家教育问题，曾经自费请权威机构专家，对中国基础教育状况进行调查研究。被问及为什么要做不是自己分内的这件事时，任正非的回答是："爱国啊，我就希望我们国家繁荣富强，希望国家能实现自己的梦。"在接受中央电视台《面对面》栏目专访时，任正非郑重地说道："如果不重视教育，我们会重返贫穷。"

任正非在与南开大学新闻与传播学院院长刘亚东深入探讨教育改革和人才培养问题时，反复强调了基础研究的重要性，指出只有做好了基础研究，才能有技术上的突破。此外，任正非对改善中小学办学条件、通过云平台开放优质课程资源等方面，提出了一系列可行性建议。

在任正非看来，国家发展的基石是教育，顶尖人才的培养要靠教育。一个国家的发展不但要有硬件基础，也要有软的土壤。铁路、公路、供水供电、商业服务、园林绿化、卫生事业等硬件设施是没有灵魂的，灵魂在于文化，在于哲学，在于教育。光有硬件设施，没有软的土壤，是不能生长任何庄稼的。

在任正非眼中，华为遭遇美国禁令，不断升级的中美贸易摩擦，本质上是科技实力的较量，究其根源还在于教育水平。任正非说他看到了科学家真实的研究过程，知道达到这个水平的难度，因此更清楚要做到这些就要从最基础的教育抓起，要尊师重教。

关于教育，任正非还指出，再穷不能穷老师，老师是人类灵魂的工程师。如果老师待遇不高，优秀的人都不愿意去当老师，那只会产生"马太效应"，越来越差。如果优秀的人愿意去当老师，用优秀的人去培养优秀的人，只会越来越优秀。像修桥、修路、修房子，只要砸钱就行了，芯片砸钱不行的，得砸数学家、物理学家、化学家，中国需要在数学、物理、化学、神经学、脑科学等各个方面，踏踏实实地努力，才能在这个世界上站起来。

就像任正非说的那样，中美贸易战的根本还是科教，科技教育水平的提升才是国家的希望。华为每年都切切实实为大学提供大量科研经费，任正非说并不是自己有实力了才投资，而是像战略投资一样，投资的是国家的未来。

任氏智慧

任正非："我们真正在科学技术上，是领导这个世界的，我能看见我们的科学家的工作状态……这些基础科学走到这一步，如果没有从农村的基础教育抓起，没有从一层层的基础教育抓起，我们国家就不可能在世界这个地方竞争。"

第四章

强者思维：向下兼容，谦和不只是一种品质

　　"向下兼容"原本是计算机术语，指软件或硬件更新换代过程中，新、老版本能完美兼容。拓展到人际关系领域，是指地位较高的人能包容、尊重地位较低的人，从而实现和谐相处和良好的团队协作。在商业领域，越是顶级的企业家，为人越是谦和，越懂得高调做事、低调做人的道理。华为创始人任正非在接受媒体采访时经常戏称自己是"狗熊"，是"傀儡"，在公司，连会议室都不能随便进，一切都要服从流程。正是任正非向下兼容的格局和谦和的品质，将华为带入一个更加开放、灵活的创新环境中，使其得以在发展中持续保持高效创新。

我是只"狗熊",不是英雄

我根本就不是什么英雄,我从来都不想当英雄。任何时候我们是在做一个商业性的东西,商品的买卖不代表政治态度。这个时代变了,怎么买苹果手机就是不爱国?哪能这么看?那还开放给人干什么?商品就是商品,商品是个人喜好构成的,这根本没啥关系。

——任正非

自 2019 年被美国列入"实体清单",华为遭遇了发展过程中最大的危机,因为这次危机,行事向来低调的任正非不得不从幕后走到台前。这也让大众看到了这位华为缔造者在强大压力下处理危机的魄力,以及向上社交的智慧与向下兼容的境界。

我们每个人都有自己的局限性,与比自己厉害的人相处会潜移默化地学到他们处理问题的方式,解开困扰自己的难题。正所谓以能者为镜,可以照见不足;以强者为灯,可以指引方向。

　　任正非曾谈道，早在 1997 年的时候，华为内部管理混乱，主义林立，他一直在探索怎样才能让全员劲往一处使，却不得要领。后来，任正非将中国人民大学的教授请来，很轻松地把公司从"春秋战国"般的混乱局面中解救出来了。任正非感慨人大教授的厉害，不费吹灰之力就统一了公司的认识。在华为的发展过程中，任正非到处拜师，类似的例子还有很多。例如，他一直称美国是自己的老师，虚心向美国公司学习先进的技术、先进的管理方法等，将向上社交的智慧发挥到了极致。

　　如果说向上社交体现了任正非的智慧，那么向下兼容则展现了他的修养。自 1998 年从 IBM 公司引进全套管理方案开始，华为的内部权力就全交给了制度和流程，任正非作为华为"家长"的权力被"杀掉"，对此，他得意地称，自己的权力越小，说明公司改革越成功。

　　在接受央视采访时，记者问："美国压境的时候觉得您是民族英雄，您愿意接受这样的称号吗？"任正非说："不接受，狗熊。我根本就不是什么英雄，我从来都不想当英雄。"任正非很少在媒体面前露面，外界对任正非的评价一直是"低调""神秘"，对此，任正非说华为公司从来都是很张扬的，只是自己比较羞涩，不善于跟陌生人交流，只善于研究文件。

　　任正非称，在这个历史阶段，"公共关系部逼着我要出来讲话，他们说'因为你讲话，收视率高，所以你要讲，他们讲没有你收视率高'"。媒体天天盯着华为，"把他们逼急了，他们回来把我逼急了，我只好出来张牙舞爪一般"。而自己更喜欢改文件，把精力用在内部，而不是外部。

接受香港《南华早报》采访时，任正非说自己根本不伟大，只不过是个满脸皱纹的老头。等到老了，戴着帽子，拄着拐杖，去咖啡馆里再没人会注意到自己就好了。他最希望做的事是为国家的基础教育做点贡献，能亲眼看到祖国的辉煌。

山锐则不高，水狭则不深。任正非不对地位低于自己的人居高临下，面对高压也从不屈服，一言一行让人如沐春风。他向世人展示了既能见天地之大，亦能体察底层普通人，与之平等对话的格局。向上社交，向下兼容，向内安放，大抵就是任正非的强者思维和人生智慧。

任氏智慧

任正非："其实我一直是一个很开放的人，但是我注重内部管理，而不是对外宣传。其实我对美国文化的了解还是比较深的，我们公司很多管理制度都向美国学习了。我们现在与媒体交流比较多，是公共关系部感到公司处在特殊时期，认为我个人的影响力比较大，希望我和媒体多一些交流，对社会产生一些影响。因此，这时候我多与媒体接触，是可以理解的。"

君有诤臣，不亡其国

华为给员工的好处就是"苦"，没有其他。"苦"后有什么？有成就感，自己有改善收入，看着公司前进方向有信心……这就是新的东西，这就是吸引员工的地方。华为奋斗在非洲的各级骨干大多数是80后、90后，他们是有希望的一代。

——任正非

人才是现代企业最大的竞争力，怎样吸引人才、管理好人才特别能体现企业最高领导者的能力、认知、心胸和格局。任正非虽然自称不懂技术，不懂管理，却管理着拥有二十多万员工的世界最大的科技公司之一。因为他懂得如何选人、用人，从早期的郑宝用等，到后来的何庭波、余承东等人，这些年来，华为可谓人才辈出。

华为创立初期，任正非喜欢到各个会议室旁听，然后发言指导几句。有一次，任正非看到华为总工程师郑宝用在组织开会，便走进来准备讲两句。郑宝用看到任正非进来，立即起身说："老板，这个会你不用参加，回头会告诉你结果。"与会的华为员工担心老板生气，哪想到任正非真就蹑手蹑脚地退出了会议室。

身为华为创始人，任正非将权力下放做到了极致。他将自己在华为的股权稀释到0.65%，只保留了一票否决权，且还从未使用过。在任正非的放权和"纵容"下，郑宝用帮助华为保住了手机终端，孙亚芳在美国成功迫使高通寻求和解，而余承东则在欧洲实现了对爱立信的超越……华为跨入通信全球时代。

在华为，余承东以其卓越的创新能力和前瞻视野著称，是推动公司边界拓展与业务增长的关键人物。然而，他勇于挑战现状、追求极致的工作态度，也时常使他成为争议与批评的焦点，接收到了相对较多的反馈与挑战。他一句"遥遥领先"火遍了全网，后来"华为问界"事件引发巨大争议，任正非再次强调华为五年内不造车。余承东在帖子下留言："这个时代变了，这只会让我们更加艰难。若干年后，大家都会看明白的，留给时间去检验吧！"面对这个和自己对着干的"刺头"，任正非不但没生气，反而继续让余承东负责华为的终端BG（运营中心）和华为智能汽车解决方案BU（业务单元）业务。任正非笑称："因为我爱他才骂他，我不爱他我骂他干什么！"

华为最大的竞争力是人才，而让人才发挥作用的是任正非的心胸和格局。任正非深知，科技是由人创造出来的，科技是死的，人才是活的。虽然余承东和任正非在某些领域的意见不同，但是仍然被委以重任，足见任正非的包容。

允许公司内部有不同声音、不同见解，允许下属批判自己，任正非给公司种下了包容的基因。从这一点来看，任正非更像是一个大家族的家长，他允许自己的孩子叛逆，去外面搏击，而他就是这些孩子的坚强后盾。

俗话说，"士为知己者死"，正是因为任正非给了这些顶级人才在华为自由发挥的空间，才有了如今的华为，而这也是众多人才源源不断涌入华为的一个原因。正所谓"君有诤臣，不亡其国；父有诤子，不亡其家"，这几年，面对美国的打压，华为的人心不仅没有散，整个团队反而爆发出了惊人的能量，让世界刮目相看，就很好地印证了这一点。

任氏智慧

任正非："心声社区就是一个罗马广场，你们可以穿着马甲或实名去发言，公司高级领导都在读跟帖，有些批评公司的人还得到了机会。因为把存在的问题暴露出来，不等于否定。但是心声社区的发言仅限公司内部问题，不准涉及社会问题；也不要指名道姓进行人身攻击，因为你的根据可能不是很充分，你知道某个人有问题，可以向道德遵从委员会、审计部反映。除此之外，心声社区对管理问题完全是民主的。"

事情不是我做的，
帽子不要戴在我头上

外面的报道把我们说得太好了，我们真实也有许多缺点。很多网站在转发我的讲话文章时，有时会把标题更改了，有时会把内容改了，这样会曲解了原意……另外，我们其实也很浮躁。但我们只对一个简单的目标浮躁。十几万人，几十年只对着一个目标前进，就走到世界前列了。

——任正非

《左传》中有这样一句话："窃人之财，犹谓之盗。况贪天之功，以为己力乎？"所谓"贪天之功"，原指窃据上天的功绩，现指把不属于自己的功劳说成自己的，抹杀群众的力量。事实上，我们不难发现，在各行各业中都存在"功劳领导来领，错误下属来承担"的现象。这样的企业注定做不大，这样的领导也注定难成大器。

很多人都有个人英雄主义情结，这很正常；想要证明自己的能力，获得他人的认同也是人之常情。但我们要实事求是。领导者经常将团队的功劳归到自己身上，时间一长人心就散了，这是一个很简单的道理。很多人不是不明白这个道理，而是控制不住虚荣心。

任正非带领华为取得了如今的成就，享受荣耀本是合情合理的，他却一直将功劳归于集体。他说："许多成功的事，大家不知道帽子该戴在谁的头上，就摁到我的头上了。其实我头上戴的是一顶草帽。"有些领导千方百计把功劳、成就揽到自己身上，挖空心思推卸责任，任正非却在推卸功劳，这便是格局上的差距。

管理者克服不了对权力的欲望，贪图权力带来的高高在上的感觉，必然就会执着于掌握权力。有的企业已经颇具规模，但管理层基本没什么权力，什么事都由老板来定，一旦走错一步，企业垮塌就在一瞬间。任正非对此看得非常透彻，他不断改革管理体系，将华为的成败和命运与自己彻底分割开来。他认为，将华为的前途系在任何一个人身上都是管理不成熟的体现。

不仅自己个人如此，任正非还要求公司的高级干部要有全局观，要有领袖气质，不能老想着把功劳归于自己。他说，如果干部忙得不得了，而下属和员工却不知道自己要干什么，那么干部就不是一个合格的干部。因为他没有方向感。事无巨细，眉毛、胡子一把抓的人，就不适合作为主官。

任正非在《一个职业管理者的责任和使命》中写道，华为曾经也是一个"英雄"创造历史的小公司，而淡化英雄色彩，特别是淡化领导人、创业者的色彩，是实现职业化的必然之路。任正非也不断提醒华为的领导干部："任何企业的奋斗都不是个人的奋斗，而是集体的努力。"只有靠集体，才能摸到时代的脚。

在任正非的认知中，写得出成绩的人是将军，写不出成绩的人才是统帅。作为领导者，不能想着个人怎样出成绩，而是要从战略和哲学层面，领导队伍向正确的方向前进。

任氏智慧

任正非："华为曾经是一个'英雄'创造历史的小公司，正逐渐演变为一个职业化管理的，具有一定规模的公司。淡化英雄色彩，特别是淡化领导人、创业者的色彩，是实现职业化的必然之路。只有管理职业化、流程化才能真正提高一个大公司的运作效率，降低管理内耗。"

我是个没有水平的老板

我个人好像天天都在上班，实际上是形式上在上班，并没有直接运作公司。就是上面悬着一个否决权，好像我有权力，但是我没有用过。因此，将来公司任何一个人都可以扮演我这个傀儡形象。只要他们这些执政者愿意退到我这个位置上，他就变成一个傀儡。

——任正非

带领团队朝着正确的方向前行，实现团队共同的利益是企业领导者的根本职责。企业领导者的认知与格局决定着这家企业的前途，格局小的领导往往目光短浅，只注重眼前利益和个人利益，这会导致员工感到前途迷茫，无法实现其自我发展，企业本身的发展也会因此受限。

身为企业领导者，永远不要和下属比技能，不要想着任何事都要比下属强，不要事必躬亲，因为这些不是领导者该干的事。如果你请到的人能力没你强，只能证明你请错了人。华为能够吸引到海量人才，除了高薪的原因之外，其创始人任正非的个人魅力功不可没。任正非愿意承认自己的不足，只做自己擅长的事，愿意放权给有能力的人去驾驭公司，让不同的人才在华为这个平台上有了展示才华的机会，看到了实现个人价值的希望。

任正非在接受采访时称自己是个没有水平的老板，不懂财务，不懂管理，也不懂技术，是很多能干的专家和管理者在运营公司。任正非大方承认自己"没水平"，也乐于接受下属的批判和调侃。有一次，任正非和华为轮值董事长徐直军一起接待考察团，其间聊到 IPD（集成产品开发），徐直军直言："我们老板哪懂什么 IPD？他就知道那是三个英文字母。"任正非不仅没生气，还大方承认 IPD 确实不需要自己参与。

任正非称，自己因为无能、傻，才如此放权，因为不知道如何管理，才继续放权，也因为华为人个个都是精英，"各路诸侯"发挥聪明才智，才成就了华为。

任正非真的"没水平"吗？恐怕没人相信没水平的人可以引领华为成为世界级企业。但在某些领域，他的专业水平也许真的不够。摒弃自己的短板，专注于自己擅长的战略领域，用胸怀和格局承载更多"有水平"的人去铸造华为的"诺亚方舟"，才是任正非的人生智慧。正所谓"大方无隅，大器晚成，大音希声，大象无形"。

任氏智慧

任正非："公司的命运不能系于个人。集体领导是公司过去三十年在不断的失败中，从胜利走向胜利的坚强保障；面向未来不确定的生存与发展环境，我们唯有坚持集体领导，才能发挥集体智慧，不断战胜困难，取得持续的胜利。集体领导机制的生命力与延续性，是通过有序的交接班机制来保障的。制度化交接班才能确保公司'以客户为中心，为客户创造价值'的共同价值观得到切实的守护与长久的传承。"

第五章

危机意识：内外压力下的
坚守与突破

危机意识是指对危险的事物具有预防的心理，是一种未雨绸缪的积极态度。古人云："生于忧患，死于安乐。"人在困苦的环境中，反而容易激发内在的力量去寻求生存，而在安乐的环境中，会因为缺少压力，容易懈怠，就有可能自取灭亡。纵观历史，危机永远都是客观存在的。无论是企业还是个人，只有具备居安思危的意识，做好充足准备，才能应对未来可能出现的各种危机。华为从创立到现在，前有悬崖，后有追兵，能在危机中一次次活下来，与任正非强烈的危机意识分不开。

熬过冬天，活下来是唯一出路

胜利的曙光是什么？胜利的曙光就是活下来，哪怕瘦一点，只要不要得肝硬化、不要得癌症，只要我们能活下来，我们就是胜利者。

——任正非

历史的车轮碾过，企业的命运也在时代的浪潮中翻滚，大浪淘沙之下，无论你曾经多么辉煌，最终能够活下来的才是胜利者。华为在这个时代可以算是一个特立独行者，从一家民营小企业成长为国际化的世界级通信巨头。在每一个浪尖谷底，似乎华为总能从容应对，度过一个个危机，在逆境中成长。

2000 年左右，互联网泡沫破裂，美国股市大跌，金融危机风暴席卷全球。虽然 IT 行业遭遇了寒冬，华为却在这一时期逆势而上，2000 年销售额达到 220 亿元人民币，员工超过了 1.6 万人，发展势头一片大好，外界对华为一片赞誉之声，华为内部也举杯相庆。

华为创始人任正非并没有和员工一起欢庆，而是保持着清醒的认知，发表了那篇著名的《华为的冬天》，给公司上下泼了一盆冷水。任正非在文中写道："公司所有员工是否考虑过，如果有一天，公司销售额下滑，利润下滑甚至破产，我们怎么办？我们公司的太平时间太长了，在和平时期升的官太多了，这也许就是我们的灾难。泰坦尼克号也是在一片欢呼声中出的海。"

每当华为取得一定的成绩，发展良好的时候，任正非总是第一时间站出来泼冷水，对员工高喊"狼来了"。在华为遭遇美国的高压制裁时，外界认为华为到了危险关头，他反而说："我们没有受到美国打压的时候，孟晚舟事件没发生的时候，我们公司才是到了最危险的时候。大家口袋都有钱，惰怠，不服从分配，不愿意去艰苦的地方工作，这是危险状态。现在我们公司全体振奋，整个战斗力在蒸蒸日上，这个时候我们怎么到了最危险的时候了？应该是在最佳状态了。"任正非在《华为的冬天》中大谈危机，呼吁所有员工居安思危。

华为 2023 年年报显示，华为拥有 20.7 万员工，遍及 170 多个国家和地区，服务全球 30 多亿人口，2023 年营收超过 7000 亿元。近十年，华为累计投入研发费用超过 11100 亿元，单是 2023 年，研发费用支出就达到了 1647 亿元，占全年收入的 23.4%。截至 2023 年 12 月 31 日，华为研发员工约 11.4 万名，占总员工数的 55%；同时，华为在全球共持有有效授权专利超过 14 万件。

华为有了当前的规模和体量，其创始人任正非却表现得异常冷静，依然坚持"活下来才是唯一的出路"的观点。他对"活下来"近乎偏执，认为唯有惶者才能生存，对于华为而言，胜利就是活下来。任正非一直强调要加大战略投入，"我们战略投入够一点，那我们今天的困难就少一点"。面临冬天，多准备些御寒的棉衣，熬过去，春天就来了。

任氏智慧

　　任正非："繁荣的背后就是萧条。玫瑰花很漂亮，但玫瑰花肯定有刺。任何事情都是相辅相背的，不可能有绝对的。今年我们还处在快速发展中，员工的收入都会有一定程度的增加，在这个时期来研究冬天的问题，比较潇洒，所以我们提前到繁荣时期来研究这个问题。我们不能居安思危，就必死无疑。"

永远保持危机感，
让 B 计划成为常态

如果当时我们对美国有安全感，实际不需要做备份，正是由于我们没有安全感，才花了数千亿做了备胎，应对了去年第一轮打击。今年第二轮打击，因为有去年抗受打击的经验和队伍的锻炼，我们更加胸有成竹，不会出现多大问题。

——任正非

《伊索寓言》中有这样一个故事："一只狐狸看见一只野猪正对着树干磨它的獠牙，疑惑地说，现在没有猎人也没有猎狗，为什么不躺下休息和享乐？野猪反问，等到猎人和猎狗出现的时候再来磨牙，还来得及吗？"

时刻保持危机感是抵御未来危机的有力武器，一家企业若没有危机意识，随时会有倾覆的危险；一个人若没有危机意识，生活和事业也很难顺利。在当今各行各业都高速发展的时代，危机无处不在，偏安一隅就会落后，稍微松懈就会被时代淘汰。所谓"危机"，从来都是危险中伴随着机遇，无论是企业还是个人，对未来准备越充分，越能从危机中找到机遇，找到一线生机。平时"多垒窝"，才不会在风雨到来之时成为"寒号鸟"。

在华为创立之初，任正非就有了非常强烈的危机意识，他一直强调"惶者生存"，从《华为的冬天》到《华为的红旗到底能打多久》，任正非将自己的危机意识融入了华为的企业文化，植进了华为人的脑子里。他对美国没有安全感，于是打造"备胎"，成立了海思半导体，对谷歌没有安全感，于是做了"鸿蒙"这个 B 计划。

海思总裁何庭波在《致员工的一封信》中说，多年前公司就做出了极限生存的假设，预计有一天，所有美国的先进芯片和技术将不可获得，数千海思儿女为了这个以为永远不会发生的假设，走上了科技史上最为悲壮的长征，为公司的生存打造"备胎"。如果不是因为美国的制裁，海思的许多芯片可能永远不会被启用，会成为一直压在保密柜中的"备胎"，"鸿蒙"也不会横空出世。

如果没有任正非对未来的危机意识，没有海思儿女甘于隐藏在背后艰苦奋斗，面对美国的制裁，任正非就绝对不能风轻云淡地说出那句"美国制裁对我们影响不大"。这也证明了任正非"战略投入够一点，那我们今天的困难就少一点"这一观点的正确性。

任正非说，华为走到今天，企业体量已经很大了，在大多数人眼中已经非常成功了。有人认为创业时期形成的"垫子文化"、奋斗文化已经不合适了，可以放松一些，可以按部就班。这是危险的。华为必须长期坚持艰苦奋斗，更重要的是思想上的艰苦奋斗，要时刻保持危机感，面对成绩时保持头脑清醒，不骄不躁，否则就会走向消亡。

任正非"惶者生存"的危机意识，让华为在"至暗时刻"看到了光明。接受采访时，任正非说："华为今天碰到的问题，十几年前就预计到了，并且有准备了。"因此他能风轻云淡地表示，"美国制裁对我们影响不大"。华为"备胎"横空出世，面对外界的赞誉，任正非又很谨慎地表示，"活下来就是胜利"。因为，就像何庭波在《致员工的一封信》中说的那样，华为不会再有另一个十年去打造"备胎"再"换胎"了。

任氏智慧

任正非："我们今天就要假设未来的架构是什么样的架构。如果我们假设都不清楚，我们对未来就是一个赌博，就是赌这个带宽是多少。我们没有先进武器，拿大刀长矛去砍飞毛腿是砍不掉的，我们需要有东西去对付它。我们不指望都有英明领袖，我们是共同来推动，大家都有战略眼光。"

艰难困苦铸造"诺亚方舟"

> 我对何庭波说，我每年给你四亿美金的研发费用，给你两万人。何庭波一听吓坏了，但我还是要给，一定要站立起来，适当减少对美国的依赖。
>
> ——任正非

华为手机搭载的"麒麟芯片"让多数人认识了华为"海思"，麒麟芯也成了让国人为之骄傲的"中国芯"。原本海思是华为为了"极限生存"的假设而打造的"备胎"，遭受美国制裁之后，海思才全面登上了舞台，被任正非称为"英雄"。

深圳市海思半导体有限公司成立于 2004 年 10 月，前身是华为集成电路设计中心。因为海思在华为承担着特殊的责任，加上任正非不允许科研人员跑到台前去，要他们老老实实回到研究室做研究，所以海思一直笼罩着一层神秘的面纱，在外人眼里多了很多神秘感。也因此，外界对于海思的了解非常片面，认为海思就等于麒麟。

实际上，华为海思研发芯片，但不仅限于研发手机芯片。海思提供的是数字家庭、通信和无线终端领域的芯片解决方案，其中包括手机芯片、移动通信系统设备芯片、传输网络设备芯片、家庭数字设备芯片、电视显示芯片、路由器芯片等，尤其是在安防监控领域，华为海思的全球市场份额超过了90%。

华为轮值董事长徐直军曾表示，海思在华为仅仅是一个芯片设计部门，不是一个盈利的机构，华为对海思没有盈利要求，只要华为还活着，就会一直养着海思，而且还会吸纳优秀的人才加入。他还透露，华为选择了一条与其他公司不同的应对危机的路，华为要活下来面临很多技术问题，需要顶级人才攻克难关。

任正非也对海思寄予厚望，拨给海思总裁何庭波两万研发人员，每年投入四亿美元的研发费用，用不完还要扣奖金，何庭波当时也被任正非的大手笔吓了一跳。任正非只有一个要求，那就是一定要站立起来，减少对美国的依赖。这就像钱学森当初说的那样，手中有剑不用和手中没有剑是两个概念。

任正非对何庭波说："你的芯片设计能不能发展到两万人？这些有电路设计成功经验的人把复杂的大电路变成微电路以后，经过一轮洗礼，就是芯片设计专家了。我们有两万人强攻这个未来的管道科学，我们从高端到低端这个垂直体系，难道不能整合吗？"

任正非举了两个整合的经典案例，一个案例是 IBM 发明了兼容机，这个兼容机谁都可以去造，给点钱就行，完成了个人电脑的横向整合，抄了苹果的后路；另一个案例就是苹果纵向整合了庞大的生态系统。对于华为该怎样整合，任正非提出了跨越太平洋的"管道战略"。华为只做"管道"，终端是"水龙头"，最终打通一切，构建成万物互联。

至于这场仗怎么打，任正非对何庭波说，我只能给你人，给你钱，怎么强攻，要靠你说了算。任正非表示，华为做操作系统、高端芯片的目的是让别人允许自己用，别人断供的时候，华为的备份系统要能用得上。何庭波和海思团队最终也不负所托，为华为在极限生存环境下打造出了"诺亚方舟"，保证了华为大部分产品的战略安全和连续供应。

任氏智慧

任正非："我们不能有狭隘的自豪感，这种自豪感会害死我们。我们的目的就是要赚钱，是要拿下'上甘岭'。拿不下'上甘岭'，拿下华尔街也行。我们不要狭隘，我们做操作系统，和做高端芯片是一样的道理，主要是让别人允许我们用，而不是断了我们的粮食。断了我们粮食的时候，备份系统要能用得上。"

没有安全感，华为成立蓝军

> 要想升官，先到"蓝军"去，不把"红军"打败就不要升司令。"红军"的司令如果没有"蓝军"经历，也不要再提拔了。你都不知道如何打败华为，说明你已到天花板了。
>
> ——任正非

华为有一个非常特殊的部门，名为"蓝军参谋部"，隶属于公司战略体系，成立于 2006 年。蓝军原指军事领域模拟对抗演习中，扮演假想敌的部队，通过模仿对手的作战特征与红军进行针对性训练。

军人出身的任正非深知红、蓝对抗的重要性，它能让一个组织更强大、更具活力。华为"蓝军"的诞生，也是任正非危机意识的产物。华为"蓝军参谋部"成立之初的目的和职责就是对"红军"的策略和方案提出质疑，考虑怎样在未来三年内将华为"打倒"。

《孙子兵法》中说："为将者，未虑胜先虑败，故可百战不殆矣。"华为的发展日趋稳定，任正非开始思考内外部环境，意识到未来华为可能会从内部瓦解的危机，认为能够打败华为的必将是华为自己。因此，为了避免高层决策失误和内部风险，他决定成立"蓝军"进行自我博弈，将有逆向思维，特别擅长挑毛病的人培养成"蓝军司令"。华为"蓝军"最广为流传的故事，就是批判任正非"十宗罪"，任正非看完不仅没生气，还觉得写得不错，贴到了华为心声社区，让大家学习，有错就改，改了就能前进。

华为"蓝军"的主要职责是模拟竞争对手，分析"红军"制定的战略，从"鸡蛋里挑骨头"，用逆向思维观察公司的战略决策，审视和论证"红军"战略、产品、解决方案的漏洞或问题，在战略思想上进行反向分析和批判，在技术层面寻求差异化的颠覆性技术和产品。

简单来说，华为"蓝军"的主要任务就是和"红军"唱反调，想尽各种办法否定"红军"。"蓝军"的存在保证了华为能够一直走在正确的道路上，避免了因高层管理者的怠惰，制约公司发展的情况，成为华为持续创新的鞭策者。

华为"蓝军"可以说是任正非智慧的结晶，每一次"挑错"都影响着华为的发展方向，在华为的发展过程中多次立下大功，为华为避免了很多损失，其中最著名的案例就是"蓝军"阻止了华为出售手机终端业务。华为"蓝军"会对"红军"的战略决策施加压力，模拟极限生存挑战，寻找生存突破，这让华为后来应对美国禁令时能游刃有余。

"蓝军"转"红军"，又顶上新的"蓝军"，整个组织不断变得更强大。任正非通过"红蓝对抗"，将危机、责任变成了华为持续发展的内在动力，这种危机意识又融入到了华为的核心价值观中。正因为如此，华为才能凭借强大的内聚力、竞争力和发展力得以持续、高速、稳步发展。

任氏智慧

任正非："我多次说过，'红军'司令都要去'蓝军'洗礼，若打不败'红军'，就不再返回来了，可以下连当兵去。技术'蓝军'的方案在'红军'评委会多次全票不通过，后来证明'蓝军'对了，虽然这只是一个特例，但给我们的启发就是公司计划机制存在问题：一是过去散兵线太长，二是现在的评审机制老化，要加快对评审专家的优化。评审专家要有任期制。这些项目评审是应该的，如果不评审，容易各自为政。但是现在的评审体系老化了，一定要有优化措施，否则就压制了新生力量和新生解决方案。"

格局篇

　　格局究竟是什么？格局能衡量一个人的精神世界的广度和深度，体现在他高瞻远瞩的眼界、海纳百川的气度和胸怀、关爱大众利益的使命感和责任感以及超越常人的胆识与智慧上。格局大的人，能欣然接受生活的美好馈赠，也能坦然面对人生的曲折坎坷，始终保持积极向上的人生态度，自然不存在所谓的敌人和对手。

第六章

商业竞争：开放包容，不封闭，不排外

从事商业活动就避不开商业竞争，商业竞争简单来说是指商品经营者之间为争夺市场而进行的较量和角逐。正所谓商场如战场，商业竞争就是没有硝烟的战争，"垄断""技术壁垒"等词汇体现的是商业竞争的残酷性，最终能在竞争中活下来的才是胜利者。全球经济一体化的今日，不懂妥协，缺乏合作精神，是难以在商业竞争中占据主动地位的。面对如今的商业竞争，企业领导者该有怎样的格局？华为创始人任正非给出了不一样的答案——开放包容，不封闭，不排外。

华为不做"黑寡妇"，
我们要多交朋友

> 如果都用"备胎"，就是体现了你们所说的"自主创新"，自主创新最主要目的是想做孤家寡人，我们想朋友遍天下。因此，没有像他（方舟子）想象的"备胎好用，怎么不用"，他不理解我们的战略思维。
>
> ——任正非

企业是商业活动的产物，一切以盈利为目的，为了把能吃下的市场全部吃掉，可以不惜任何手段，把能打倒的竞争对手全部"干掉"，最终成为寡头，这是大部分西方企业的典型发展之路。自我国改革开放以来，无数国产品牌在西方企业这种恶性竞争模式中悄然消失。

那中国企业在做大做强以后，也会像部分西方企业一样，走这样一条路？华为创始人任正非作为中国民营企业的代表，给了世界一个不一样的答案，中国不会走美国的霸权之路，华为也不做企业中的"黑寡妇"。华为要多交朋友少树敌，开放合作，搭建共享平台。

任正非多次在公开场合强调，华为只做"管道"，绝不向管道内的信息领域发展。任正非告诫管理层，我们已经够大了，不要什么都吃到嘴里。在华为还没有被美国制裁之前，4K 电视还未普及的时候，华为就研发出了支持 8K 的鸿鹄显示芯片，任正非却一直压着公司不让做 8K 电视机。

很多人疑惑不解，既然华为"备胎"中存着这么多先进的技术，那么为什么不用呢？任正非说那是他们不了解华为的战略思维，华为打造"备胎"是为了绕开西方的利益，让对方卖芯片给华为，如果以后美国技术恢复供应，海思还是负责少量生产。其实，在华为的发展过程中，任正非一直在反思与合作伙伴的竞争关系，希望将恶性竞争变成良性竞争，避免华为走上不惜成本，压低利润去挤死中小企业的路。

在任正非的战略格局中，"多一个朋友多条路，少个敌人少堵墙"。任正非说，华为从来没有想过"干翻"思科和苹果，而是一直在做思科和苹果拓荒之后的跟随者。许多企业在别人看来是华为的对手，任正非却称之为朋友，华为不愿意伤害朋友，还要帮助他们有良好的财务报表。

任正非的格局也为他在国际上赢得了朋友和尊重。例如，华为和思科虽然在商业领域有过较量，但是思科总裁约翰·钱伯斯在退休时，还向任正非征求谁做思科接班人的意见。对爱立信、诺基亚等竞争对手，任正非也表示："我们也不能让爱立信、诺基亚这样的值得尊敬的伟大公司垮掉，我们乐于看到多个信号塔共存，大家一起面对不确定性的未来。"

华为进入欧洲市场时，任正非一再强调，在海外市场不打价格战，不能扰乱市场，要与友商共存共赢，不能用低成本的优势去打压对手。"你要人家命，人家就跟你拼命，就成了双输的局面。"任正非告诫管理层，"你把东西卖这么便宜是在捣乱这个世界，是在破坏市场规则。西方公司也要活下来啊，你以为摧毁了西方公司你就安全了？我们把这个价格提高了，那么世界说，华为做了很多买卖，对我们价格没有威胁，就允许它活下来吧"。

后来，任正非的大格局印证了"得道多助，失道寡助"的道理。在华为被美国列入"实体清单"的时候，许多与华为合作的美国企业第一反应是加班加点为华为备货，给了华为充足的缓冲期。任正非也多次在公众场合盛赞这些美国企业，呼吁不要一棒子打死一群人。

任正非给我们的启发是，无论是做企业还是做人，封闭、狭隘、自私的认知只会限制自身的发展空间。内心要开放一些，谦虚一点，看问题深刻一些，不能小肚鸡肠。有竞争，有互补，有合作，才是发展的王道。

任氏智慧

任正非："我们不愿意伤害朋友，要帮助他们有良好的财务报表，即使我们有调整，也要帮助……我们没有和美国公司表明'我们用我们的器件就不用你的器件'，没有说过这话。我们很希望美国公司能继续给我们供货，我们一起为人类服务。在早些时候，我们都会把在这方面芯片开发的心得告诉对方，甚至我们的研究成果，我们自己不生产，交给对方生产。这很多，要不然全世界的供应商怎么会跟我们那么好？"①

① 对原话的措辞有少许修改，以便语义更清晰。

美国公司是我们的老师

华为今天能那么成功，绝大多数管理都是向美国学习的。因为我们从创立到现在，我们雇用了几十家美国顾问公司，教我们怎么管理。在教我们怎么管理的过程中，实际上我们整个体系很像美国（的公司），美国应该感到骄傲，它的东西输出以后给我们带来了一个发展。[1]

——任正非

当前，华为无疑是中国科技企业的佼佼者、风向标，还带动了下游产业链的发展。在华为的发展过程中，其创始人任正非始终坚持以美国为师，他不仅鼓励华为员工学习美国的创新精神，还积极引进美国的先进技术和管理经验。例如，华为的研发体系，就是借鉴了美国科技企业的研发模式，强调以客户需求为导向，

---

[1] 对原话的措辞有少许修改，以便语义更清晰。

以结果为导向。

任正非之所以坚持以美国为师，是基于他对美国科技实力的深刻认识。在他看来，美国是全球科技创新的领导者，无论是硅谷的科技巨头，还是遍布美国各地的初创公司，都充满了创新精神和活力。华为要想在科技领域取得成功，就必须向美国企业学习，吸收美国企业的先进经验和技术。

为此，华为在发展的过程中与美国众多科技企业建立了合作关系，比如与英特尔、高通等都有深入的合作。这些合作，不仅帮助华为提升了技术实力，也帮助华为拓展了国际市场。任正非强调，在全球一体化的今天，企业想要发展，必须坚持开放与合作，封闭只会让企业死亡。

任正非反对狭隘意义上的"自主创新"，即便遭遇美国打压，公司遭遇困境，他依然坚持向美国学习的观点。任正非认为，美国有着百年的积累和灵活的机制，其科技在世界上还是领先很多的。在华为遭遇困境的时候，许多声音呼吁华为对苹果公司进行反制。对此，任正非在采访中表示，苹果是华为的老师，苹果的生态很好，"如果发生这种情况，我第一个反对"，强调不能狭隘地认为用苹果手机就是不爱国。

任正非警告内部管理层不要瞎喊口号，不能煽动民族情绪。任正非指出："只是情绪上的渲染和对抗，其实无益于现实的改变，我们不能采取阿Q的'精神胜利法'，那是弱者的自欺欺人。"他说："如果我们不想死，就要向最优秀的人学习；即使对方反对我们，我们也要向他学习，否则怎么能先进呢？"

任正非调侃美国对华为的制裁为"学生超过老师，老师不高兴，打一下"，但华为不会排斥美国。任正非指出，华为和美国企业迟早会在"山顶"相遇，华为绝不会和美国人"拼刺刀"，而是会为人类数字化、信息化服务的胜利大会师，为多种标准顺利会师去拥抱、欢呼。

值得注意的是，任正非以美国企业为师并非盲目崇拜，而是对美国企业有着深刻的认知。他认为，美国企业之所以能够成为科技创新的领导者，是因为它们有着强大的创新能力和先进的管理体系，这正是华为缺乏的。华为要想取得成功，就要以美国企业为"灯塔"，向美国企业学习，构建起自己的管理体系和创新环境，才能超越美国企业。

对比那些将"超越"挂在嘴边，口号喊得震天响的人，我们在任正非口中听到最多的词是"学习"，他更像一个平凡的智者。大到国家，小到个人，不怕有差距，就怕看不到差距，不承认差距。像任正非这样，正视差距，力图自强才是胜利之道。正所谓"知人者智，自知者明；胜人者有力，自胜者强"，强者的哲学，就是"打铁还需自身硬"，只有调动起自己最大的潜能，才能变得更强大。

任氏智慧

任正非："撇除个人利益，撇除家庭危机，撇除华为公司利益，我们始终认为美国是一个伟大的国家。美国在制度、创新机制、创新动力等方面的先进性，会使美国这个国家持续繁荣。我们向美国学习的决心不能改变，不能因为我个人受到磨难就改变。"

小企业想活下来，要做减法

华为要想追上西方公司，无论从哪一方面条件都不具备，而且有些条件可能根本不会得到，因此，只能多付出去一些无限的生命。高层领导为此损害了健康，后来人又前仆后继，英勇无比。成功的背后是什么？就是牺牲。

——任正非

在当今这个瞬息万变的时代，小企业面临着巨大的生存压力。怎样在激烈的竞争中活下来？华为创始人任正非给出的答案是：小企业要想活下来，就要学会做减法。在任正非的带领下，华为形成了具有中国特色的先进企业管理模式和方法。这些先进的管理模式和方法是不是可以直接照搬？

华为的管理模式和方法其实并没有什么秘密，如果只是简单模仿华为的管理模式和方法，并不能让小企业活下来。华为"任氏管理法"的核心在于其创始人任正非的认知和格局，简单来说，就像金庸先生的武侠小说中的"内功心法"，境界达不到，再厉害的招数都发挥不出威力。因此，我们真正要做的是从任正非那里吸取智慧，提升认知和格局。

任正非谈到华为创业之时说："只有几十个人，就对着一个'城墙口'进攻，几百、几万时也是如此，现在十几万人，更是如此。唯一的差别是'城墙口'涉及的面更大了，形成规模式的进攻方式还是相同的。"任正非说，当时华为要想追上西方公司，不具备任何条件，只能多付出去一些无限的生命，高层领导为此损害了健康，后来人又前仆后继，华为成功的背后就是牺牲。

任正非指出，大企业是因为相信自己的信念和战略，所以看到了未来，而小企业是因为看见了才相信。因此，小企业对自己要有清醒的认知，本身规模不大，只有几十人，还要模仿大公司的制度，无异于自欺欺人。

华为在发展过程中一直在不断地简化管理和流程，这就让基层有了足够的权力去创新。任正非的"减法"理念主要包括以下四个方面。

一是要明确自己的定位。任正非强调："我们要聚焦 ICT 领域，打造全球领先的解决方案提供商。"这就是华为的定位。小企业也要找到自己的细分市场，专注于某一领域，打造自己的核心竞争力。

二是简化管理。任正非提出："我们要推行简约管理，让基层有足够的权力去创新。"简约管理意味着减少管理层级，提高决策效率，使企业能更加灵活地应对市场变化。

三是优化流程。任正非强调："我们要简化流程，提高工作效率。"小企业要通过优化流程，降低内耗，提升企业运营效率。

四是培养员工的创新能力。任正非说："我们要鼓励员工敢于创新，敢于突破。"小企业要营造一个开放、包容的企业文化氛围，激发员工的创新潜能。

无论是个人还是小企业，要在竞争中活下来，就要学会做减法，这是任正非教给我们的"人生智慧"。聚焦核心业务，简化管理，优化流程，培养创新能力，才是小企业要学习的生存技能。正如任正非所说，小企业要有大格局，才能在竞争中立足。对于个人而言，也是如此。要避免"大而全"的眉毛、胡子一把抓，聚焦自身优势，才能以点破面，实现人生价值。

任氏智慧

任正非："有一篇文章叫《硅谷：生机盎然的坟场》，是讲美国高科技企业集中地硅谷的艰苦创业、创新者们的故事的，它'埋葬'了一代又一代的优秀儿女，才构建了硅谷今天的繁荣。华为也是这样的企业，也是无数的热血儿女，贡献了青春与热血，才造就今天的华为。现在再来想一想，马克思说的'在科学的入口处就是地狱的入口处'，会多一些理解其深刻的内涵。它就是说明，要真真实实地做好一项工作，其艰难性是不可想象的。要突破艰难险阻才会有成就。任何做出努力、做出贡献的人，都是消耗其无限的生命才创造了有限的成功。"

人类大同，挣钱不是唯一目的

我个人性格是窄窄的，所以让我们公司前面的道路也窄窄的，千万不要做房地产，千万不要做赚钱的东西。我们做世界上最难的、最不赚钱的东西，因为人们不愿意做。

——任正非

任正非的认知和格局保障了华为的持续发展。面对国际市场的风云变幻，任正非始终保持清醒的头脑，带领华为不断突破与创新。在通信领域，华为凭借领先的技术实力，为全球数十亿用户提供优质的服务。在云计算、物联网、人工智能等领域，华为也取得了丰硕的成果，为各行各业的数字化转型提供支持。

挣钱不是唯一目的，这是任正非对商业竞争的深刻理解。在他看来，企业不仅要追求经济效益，更要承担社会责任，助力社会进步，带动中下游产业链的共同发展。任正非强调，华为的发展不能仅仅以利润为导向，而是要坚持以客户为中心，为客户创造价值。

正是在这种价值观的指引下，华为在全球范围内开展了一系列合作项目，以求共同推动人类社会的发展。

2020年4月30日，华为联合中国移动在珠穆朗玛峰海拔6500米处完成了全球海拔最高的5G基站的建设和F5G千兆光纤网络的开通，实现了珠峰双千兆网络的全面覆盖。任正非说："我们的理想是要为人类幸福而服务，否则我们不会到珠穆朗玛峰6500米的高山上去装基站。你想想，6500米，怎么把设备扛上去？是非常艰难的。我自己去过珠峰5200米的大本营，看过基站，大家说，'你不能去'，我说，'我为什么不能去？我若贪生怕死，别人不贪生怕死吗？'"

非洲疟疾流行的时候，华为的人坚守在岗位上；日本大地震导致核电站泄漏时，华为的抢险工程队逆着人流前行去抢险救灾，恢复600多个基站；印度尼西亚海啸导致几十万人伤亡，华为几十人在几天内就恢复了基站建设；在玻利维亚海拔4000多米的高原上，华为建设了几千个基站……正是这些卓越表现，让华为走向国际化的道路越走越宽。

2021年，华为启动了"追光者100"行动计划，以F5G千兆光网助推网络强国建设，全面赋能社会价值提升，预计5年内落地超100个聚焦教育公平、环境保护、健康福祉、区域发展、生产安全和效率提升等领域的项目，建设低碳、高效、智能的全光网络，致力于让全光网络普惠每个人、每个家庭、每个组织。

此外，华为已为泰国19632个村庄提供了宽带服务，让山区村民享受城市同等的宽带网络；打造了粤港澳大湾区全光城市群，助力大湾区绿色数字经济发展；以千兆光网助力广西农业技术的进步和发展；建立西双版纳首个亚洲象保护及监测预警体系，有效避免了人和象的正面冲突；助力四川蓬安县教科体局建设"全光校园网络"，让 70000 多名偏远地区学校的师生接入优质教育资源，大幅缩小了偏远地区教育水平差距及数字鸿沟……

任正非认为华为要挣钱，但挣钱不是唯一目的，华为是家有理想的公司，要为人类理想而服务。任正非也提到了华为在穷困国家并没有赚到什么钱，因为"经常收到的货币兑换不成美金，很多国家欠我们的钱收不回来"。

在任正非看来，华为不能将赚钱作为目标导向，而是要为人类的服务，少赚一点钱没什么关系。任正非直言自己赚的钱已经很多了，已经很富裕了。任正非还道出了华为能这样"任性"的原因，那就是华为不是上市公司，摆脱了资本市场的直接束缚与短期盈利压力。这意味着华为无须仅仅聚焦于高利润国家市场，而忽视那些短期内可能投资回报率较低但具有长远战略意义的地区。正是这样的灵活性，让华为能够跨越国界，将网络覆盖拓展至更广泛的区域，从而实现了更为全面和深入的服务布局。

任氏智慧

任正非："世界会不会因此分裂成两个世界呢？我认为，不会的。因为科学是真理，真理只有一个，任何一个科学家发现这个真理，他就广播，让全世界都知道。科学技术这个底层全世界是统一的，但是技术发明本身就是可以多元化的。你看汽车就是有多种汽车型号在竞争，这种竞争是有利于社会进步的，不强求社会必须唯一推行一种技术标准。但是世界会不会分裂？因为科学技术这个底层是统一的，所以不会分裂。"

我们的理想不是为了"消灭"别人

我认为，人类社会最主要的目的是要"创造财富"，使更多人摆脱贫穷。社会一定是要合作共赢的，每个国家孤立起来发展，这在信息社会是不可能的……所以，全世界一定是走向开放合作，只有开放合作才能赶上人类文明的需求，才能用更低的成本让更多人享受到新技术带来的福祉。

——任正非

如何领导企业在当今激烈的商业竞争环境中立足、发展，甚至带领企业成为行业领导者，非常考验企业领导者的水平。华为创始人任正非在领导华为发展的过程中，展现出了独特的商业智慧和格局，他的商业竞争理念，不仅给华为的发展指明了方向，也给如何处理商业竞争提供了新的视角。

通常企业之间的商业竞争，本质上是尽可能多地抢占市场，将竞争对手打垮，淘汰出局，这样自己的企业就能占有更大的市场空间，甚至独占市场。任正非却反其道而行之，主张给竞争对手留有生存空间。例如，任正非曾表示，华为要向苹果学习，把价格做高一点，以此来维护良好的市场秩序，而不是通过价格战来挤压竞争对手的生存空间。

的确，以华为的体量，在终端领域使用低价竞争手段是很容易拖垮竞争对手的，任正非的做法无疑展示了他超高的认知和格局。在华为的发展过程中，类似的例子不胜枚举。华为的研发能力有目共睹，如果转换为产品，其产品覆盖的领域将非常庞大，但任正非一直强调，华为只专注做"管道"，不能什么都要、什么都做。试想一下，如果华为变成一个大而全的公司，那华为也将成为"公敌"，成为众矢之的。

通过成全他人来成全自己，成全自己再去成全他人，任正非用他的智慧和格局，让竞争与合作这两个对立项达成了平衡，做到了与竞争对手共存合作，共同发展，用竞争激发华为的创新能力，保持公司活力，用合作推动整个行业的发展，进而实现为人类提供更好服务的理想。

任正非从全球战略角度来看，认为"人类社会还是要走向共同的合作发展，这才是一条正确道路"。他认为，即便在经济全球化的过程中会有矛盾、分歧，也要正确对待，应该"用各种法律和规则去调节、解决，而不是采取极端的限制"。他指出："我们不能仅依靠中国去领导世界，我们不以消灭别人为中心，而是要利用世界的能力和资源来领导世界。"

华为和美国大量的公司都签了知识产权协议，任正非强调，华为和这些美国公司没有矛盾，都是和平相处的。关于企业间的商业竞争，任正非在接受国外媒体采访时认为："将来社会上也不应该有矛盾，我假设'你是敌人'，你反过来'假设我是敌人'，假设来、假设去，就变成真敌人了。我假设'你是朋友'，对你好一点，你请我喝咖啡，我再请你吃牛排，多来往不就友好了吗？"

任正非认为，越是大企业之间，越应该消除不良竞争，担负起大企业的责任。"人类大同"是任正非对人类社会未来的美好憧憬。在他看来，各国企业应该摒弃偏见，携手共进，共同推动人类社会的进步。任正非认为，世界各国之间的竞争不仅仅是经济和科技的竞争，更是文化和价值观的竞争。他始终强调华为要站在人类的角度，为全人类提供优质的服务和产品，推动全球数字化进程。

任氏智慧

任正非："华为的发展壮大，不可能只有喜欢我们的人，还有恨我们的人，因为我们可能导致了很多个小公司没饭吃。我们要改变这个现状，要开放，合作，实现共赢，不要'一将功成万骨枯'。"

第七章

人才战略：华为只储备人才，不储备美元

自华为建立之初起，任正非就始终坚持"以人为本"的创业理念。他认为资源会枯竭，唯有文化能够生生不息，任何工业产品都是由人的智慧创造的。任正非说，华为没有可依存的自然资源，唯有在人的头脑中挖出大油田、大森林、大煤矿……人才是华为的立身之本。因此，华为一直致力于培养和吸引世界顶尖的人才。这种人才战略的背后，是任正非长远的战略眼光和对全球形势的精准洞察。无论是技术创新、开拓全球市场还是应对各种危机，华为都能依靠自身强大的人才团队迎难而上，浴火重生。

华为大学，培养人才的摇篮

什么都可以缺，人才不能缺；什么都可以少，人才不能少；什么都可以不争，人才不能不争。

——任正非

如今华为人才济济，良将如云，华为大学发挥了重要作用。在创业之初，任正非就遭遇了人才短缺、干部匮乏的窘境，并因此意识到自己培养人才和干部的重要性。创办华为大学，是任正非人才战略中关键的一环。

华为大学于2005年正式注册成立，目标是为主航道业务培育和输送人才，被誉为中国企业的"黄埔军校"。任正非认为华为大学要具备两个基因：一个是像黄埔军校和中国人民抗日军政大学的短训方式，产生人才的基因；另一个是西方职业教育的基因，使大家赋能。

因此，华为大学创办之初就不是传统意义上的学校，而是用来培养能够"指挥"和"战斗"的人才，以及培养未来"将军"的地方，能力的交付是华为对华为大学的评价标准。任正非明确要求："华为大学一定要办得不像大学，因为我们的学员都接受过正规教育。你们的特色就是训战结合，给学员赋予专业作战能力。整个公司第一是要奋斗，第二要有学会掌握去奋斗的办法，光有干劲没有能力是不行的。"

培养"将军"是任正非创办华为大学的初衷，他对华为大学的要求是："你们是否能够喊出'这就是将军的摇篮'的口号？如果不这样，你们就脱离了这个时代，就像在世外桃源一样，就没有和现在形势的紧迫感结合起来，你们的重要作用就没有得到各个部门的认同。"

为了激发华为大学的学生主动学习，任正非改变了传统企业大学的免费模式，实施了收取学费的措施。借此，将以往被动培养变成了主动的自我培养。任正非强调，培养不是等待被动培养，而是自我培养，自我成长，不收钱别人就会心态不平衡，要改变过去单点输出的培养制度，在干部选择的过程中，触发有针对性的培养。

与其他企业的办学模式不同，任正非要求华为大学将来要自主赚钱，想要发展下去就必须赚到钱，企业不会拨款。华为大学的老师也与其他企业大学的老师完全不同，在华为大学，老师是组织者而不是传授者，教学方式也是启发式，而不是灌输式。随着华为的国际化，华为大学内部讲师团队可以用汉语、英语、法语、俄语、西班牙语等语言进行培训。

在培训体系方面，华为大学不但承担着员工的上岗培训任务，还承担着岗中培训及下岗培训任务，完善的培训体系保证了员工能适应瞬息万变的时代发展需求，更好地为公司作贡献。在师资方面，华为大学组建了专业的培训师团队，制定了严格的评估及筛选制度。任正非强调，讲师必须是具有实践经验的人，没有实践经验的讲师不能讲课，只能做组织工作。另外，华为大学还定期邀请业内的权威专家及知名大学的资深教授前来授课，以保证公司总能处于技术、业务及管理科学发展的前沿。

企业办学一直以来被视为"不务正业"，原因就在于很多企业大学都处于"务虚"的状态，培养不出具有战斗力的人才。华为大学在企业人才培训领域为中国企业树立了一座灯塔。任正非将自己的管理视为"务虚"，华为大学则是"务实"。华为大学之所以能够成功地为华为培养出大量可用之才、可征战四方的将帅，"务实"是根本。在任正非看来，论文只要是理论性的，就是零分，没有实践就没有发言权。

任氏智慧

任正非："我们华为大学就是要造就培养成千上万的接班人，我们大规模的人都要上战场。我劝你们去看看这些在战争中成长起来的优秀人才，和他们后来的转型。"

只要你是人才，就给你发挥的平台

我们提倡能上能下，在实践活动的大浪淘沙中，我们要把确有作为的同志放到岗位上来，不管他的资历深浅。我们要把有希望的干部转入培训，以便能担负起更大的责任。我们也坚定不移地淘汰不称职者。

——任正非

在华为，一通电话就要飞到利比亚、阿尔及利亚等世界各个角落是家常便饭，一去就是几个月，甚至一两年，通常都是到落后的环境中做最艰苦的事。当然，员工有权利拒绝，任正非指出，去，是给你一个舞台，给你一个成长的机会，只有最优秀的员工才有被派到海外的机会。

任正非为去海外艰苦环境工作的一线员工配备了一套福利保障制度，各种津贴和补助都非常高，华为股票分配及分红也向这方面倾斜，只要绩效做好，就能拿到高额分红。

华为对于人才的重视，物质奖励是一个方面，另一个方面就是升职的通道。任正非非常惜才，强调"不拘一格降人才"，只要你是人才，就给你发挥的平台，给你高薪酬和晋升通道。为了让优秀人才快速成长起来，承担更大的责任，加快干部与专家队伍建设，保障公司持续发展，华为建立了针对优秀人才的破格提升制度。符合条件的员工可以不受现职级限制，直接选拔任用到与其所担责任对应的岗位上。

华为员工叶辉辉在华为心声社区发文《一人一厨一狗》，文中讲述了其自 2013 年年底至 2019 年外派到科摩罗六年坚守的故事。当时科摩罗经济落后，基础设施很差，华为在当地的海底光缆项目意义非常重大，有望改变科摩罗"与世隔绝"的状态。

六年的坚守，华为给科摩罗的通信行业带来了翻天覆地的变化，使之成为印度洋第一个用上 4.5G 网络的国家。越来越多的国家和企业愿意来到科摩罗进行援助和投资，带动了当地经济的发展，华为也成为科摩罗最受欢迎的中国公司之一。在华为经历困境的时候，科摩罗第一时间站出来支持华为，表示华为是科摩罗永远最信任的伙伴。

2019 年 7 月 29 日，任正非在 EMT 讲话时说："叶辉辉应该写一篇短文，介绍科摩罗办事处从'一人一厨一狗'发展起来的经历，讲讲最初的感受。与《枪林弹雨中成长》里的华为人故事一样，'一人一厨一狗'代表华为精神，这种精神很了不起，华为有这种精神就是美国打不倒的原因。这篇文章要写好，如果将来能成为小学生课本的教材，我给你发一个奖章。"

叶辉辉是众多艰苦奋斗的华为人中的一员，"艰苦奋斗"是华为对员工的要求，也是华为企业文化的核心内容之一。但如果只是要求员工艰苦奋斗，为企业作贡献，别说招揽人才，就连普通员工都留不住。任正非黏合了二十万员工到华为来艰苦奋斗，一是因为舍得分钱，只要你是人才，就满足你的物质需求；二是摒弃了论资排辈的掣肘，为员工提供施展才能、实现人生价值的平台。简单来说就是，你努力，你业绩好，你就上；你不努力，你不能为公司创造价值，你就下。

企业招揽人才，光靠理想和愿景是不行的，员工选择一家公司，薪资及福利待遇是绕不开的因素。人才也需要先保证生存权，才能谈理想，这是很现实的问题。发展方向和晋升通道，决定了员工对企业是否有认同感，工作是否有内驱力。薪资合理，又能根据自身特长选择适合自己的发展通道，员工必然会积极工作，在实现自身价值的同时，为企业创造效益。

任氏智慧

任正非："只要天才成批来，没有攻不下的'城墙口'。华为公司把所有钱投入未来，敢于扩张，让天才成批地来，所以华为有一根'线'，把世界各国的'珍珠'穿成'项链'，就能实现世界领先。"

"炸开"思想，让优秀人才涌现

历史滚滚向前就会有新陈代谢，有人选择离开，就会有继任上来，但是我们要形成一个良好机制，让优秀人才涌现，英雄"倍"出。

——任正非

如今，华为已经从曾经的学习者、跟随者，突入到了无人区，成为行业的领跑者，前行的道路没有了参照物，面对前路的不确定性，越需要探索和创造，而创造力的来源只有人才。

2023年9月4日，华为心声社区发表了2023年7月28日任正非在高端技术人才使用工作组对标会上的讲话。向来重视人才，求贤若渴的任正非在此次讲话中表示，华为要建立一个高端人才储备库，不拘一格获取优秀人才，创造人才成长的土壤、宽容的环境和良好的机制，"炸开"思想，让优秀人才涌现出来。

华为创立之初，任正非就强调人才的重要性，将人才战略作为企业的立身之本。任正非的认知在当年资本还是稀缺资源的环境下，无疑是十分超前的。事实上，正如任正非所说的那样，过去是资本雇用人才，现在是人才雇用资本，资本需要依附在人才身上才能增值。而未来，人才会起到主导作用，只有人才才能创造更大的价值。

任正非从华为的发展和实践探索过程中总结经验，要求华为"炸开"人才的金字塔尖，与世界交换能量。金字塔是结构最稳定的建筑，有秩序，分工明确，效率高，但缺点是层级严密，封闭，不利于创新，而且金字塔尖太小，容不下更多人才。因此，任正非提出"炸开"人才的金字塔尖，扩大外延，让内部能诞生领军人物，让外部的思想进来。这样，更多的领袖人物就会不断涌现出来，让组织永葆活力，华为与外界人才的交流，也能碰撞出火花。

对于许多企业而言，最不愿的莫过于烧钱搞研发，最开心的莫过于利润高。华为恰恰相反，如果企业利润太高，华为高管是要写检查的。任正非认为，企业利润太高是因为"战略投入不够"。华为每年将收入的10%~15%投入到研发中去，其中大约70%用于开发，由于开发是个确定性的工作，因此要求保质保量。另外30%用于研究，因为研究具有不确定性，华为允许50%的失败率。

正是华为为人才创造了优质的平台和环境，世界上的人才才被源源不断地吸纳进来，他们实现自身价值的同时，也成就了华为。任正非经常号召公司人才将"优秀的好同学、好朋友都带到华为来"，一起有所作为。例如，2019 年，任正非发起了华为"天才少年"计划，旨在用顶级挑战和顶级薪酬去吸引顶尖人才。该计划通过严格的选拔流程，挑选出具有卓越才能和潜力的年轻人加入华为。

对于优秀的人才，任正非认为物质激励并不是最主要的，而是要帮助他们找到自己热爱的岗位，工作与兴趣爱好相结合，给他们自我成长的土壤。任正非强调，人才不是培养出来的，而是需要自我成长，华为要创造人才成长的土壤和宽容的环境，让大家畅所欲言，"炸开"思想，让优秀人才涌现，英雄"倍"出，要给人才自由度，不搞"拉郎配"。

"炸开"人才金字塔尖让更多人才有了展现才智的平台，"炸开"思想让优秀人才有了发挥才能的机会，任正非在人才战略方面的认知和格局非同一般。这样一来，华为成了提供合适的场景、条件激发人才创新能力的平台，而不是由华为来规定怎么创新，往哪个方向去创新。而人才在华为共同价值观的良性约束下，创新有了方向的引领，奔跑得更快。

任氏智慧

任正非："在人才成长过程中，我们要创造一个宽容的环境，让大家愿意畅所欲言，互相启发，把思想炸开。一是，喝咖啡是一种形式，网聊也是'喝咖啡'，比如2012实验室在群里的讨论就很激烈，关于软件突围方向在心声社区的回帖有1500多条，别看这一片骂声，这就是贵人指点、高僧开光、西汉张良在桥头获得的天书……"

力出一孔，利出一孔

> 水，一旦在高压下从一个小孔中喷出来，就可以用于切割钢板。可见力出一孔，其威力之大。十五万人的能量如果在一个单孔里去努力，大家的利益都在这个单孔里去获取。如果华为能坚持"力出一孔，利出一孔"，下一个倒下的就不会是华为。
>
> ——任正非

"利出一孔"出自《管子·国蓄》："利出一孔者，其国无敌；出二孔者，其兵不诎；出三孔者，不可以举兵；出四孔者，其国必亡。"商鞅在《商君书》中提出"利出一孔"的思想，主张以"农战"作为国家的根本基业，最终秦国横扫六国，完成了统一。

任正非在华为发展过程中提出了"力出一孔，利出一孔"的人才战略，核心是聚焦，集中力量办大事，绝不在非战略市场消耗战略竞争力量。《华为基本法》中明文提出："我们坚持'压强原则'，在成功关键因素和选定的战略生长点上，以超过主要竞争对手的强度配置资源，要么不做，要做，就极大地集中人力、物力和财力，实现重点突破。"

"力出一孔"是聚集人才的能量，提高人才密度，只要人才足够多，密度足够高，从一个"孔"中喷涌出来的能量，什么都能打穿、打透。

在"利出一孔"方面，华为执行严谨的奖惩制度，从高层到所有的骨干层的全部收入只能是来源于华为的工资、奖励和分红及其他，不允许有其他额外收入，从组织上、制度上堵住了从最高层到执行层的个人谋私利行为，进而保证了华为的堡垒不会从内部被攻破。"利出一孔"将高级干部和骨干员工的利益与公司的利益紧紧捆绑在一起，使员工与公司结成利益和命运共同体，使员工聚焦在工作上，形成战斗力强大的队伍。

任正非说华为是平凡的，华为的员工也是平凡的，华为能取得今天这么大的成就，得益于十几万员工二三十年聚焦在一个目标上持续奋斗，从没动摇过，这就像从一个孔喷出来的水，力量巨大。任正非认为："我们聚焦战略，就是要提高在某一方面的世界竞争力，也从而证明不需要什么背景，也可以进入世界强手之列。"

任正非强调，如果华为能坚持"力出一孔，利出一孔"，下一个倒下的就不会是华为，如果发散了"力出一孔，利出一孔"的原则，下一个倒下的也许就是华为。在任正非看来，企业一旦过了拐点，进入下滑通道，回头重整成功的概率会很低。如果华为不想倒下，就必须克己复礼，团结一致，努力奋斗。

"利出一孔"凝聚队伍的战斗力，"力出一孔"将队伍的战斗力释放出来，华为正是依靠"力出一孔，利出一孔"走到了世界科技产业的前列。这启发我们，无论是企业还是个人，聚焦优势力量，重点突破，"集中力量办大事"才是成功的关键。

任氏智慧

任正非："我们把煤炭洗得白白的，但客户没产生价值，再辛苦也不叫奋斗。两小时能干完的活，为什么要加班加点拖到四个小时来干？不仅没有为客户产生价值，还增加了照明成本，还吃了夜宵，这些钱都是客户出的，却没有为客户产生价值。"

从必然王国，走向自由王国

一个企业的内、外发展规律是否真正认识清楚，管理是否可以做到无为而治，这是需要我们一代又一代的优秀员工不断探索的问题。只要我们努力，就一定可以从必然王国走向自由王国。

——任正非

华为是一个技术密集、资金密集、人才密集的企业，任正非早在 1994 年就提出，华为要思考怎样全面而系统地建设公司，必须在奋力发展的过程中，逐步摆脱对技术的依赖、对人才的依赖、对资金的依赖，从必然王国逐步走向自由王国。任正非认为，能否摆脱对人才的依赖是衡量管理好坏的标准。

从字面上来看，摆脱对人才的依赖和人才储备战略，两者之间看起来似乎是对立的、矛盾的，然而这恰恰是任正非人才战略的精髓所在。任正非认为："火车从北京到广州沿着轨道走，而不翻车，

125

这就是自由。自由是相对必然而言。自由是对客观的认识。人为地制定一些规则，进行引导、制约，使之运行合理就是自由。"

通俗一些说就是，华为通过建立规范的机制和流程，保证公司的正常运转，用制度管理代替人的管理，通过有效的管理构建起能够让技术、人才和资金发挥出最大潜能的平台。任正非指出，华为过去只是一个由英雄创造历史的小公司，现在逐渐变革为一个职业化管理的，具有一定规模的大公司，淡化英雄色彩，特别是淡化领导者、创业者的个人色彩，是实现职业化的必然之路。只有管理职业化、流程化，才能真正提高一个大公司的运作效率，最大限度地发挥人才的作用，降低管理内耗。

任正非在部队就是"学毛著标兵"，"从必然王国到自由王国"便引自 1960 年 6 月毛泽东的工作报告《十年总结》。1998 年，任正非在《要从必然王国，走向自由王国》一文中写道："毛泽东同志说过：'人类的历史，就是一个不断地从必然王国走向自由王国发展的历史。这个历史永远不会完结。……人类总得不断地总结经验，有所发现，有所发明，有所创造，有所前进。'人们只有走进了自由王国才能释放出巨大的潜能，极大地提高企业的效率。但当您步入自由王国时，您又在新的领域进入了必然王国。不断地周而复始，人类从一个文明又迈入了一个更新的文明。"

改革开放以来，大批民营企业崛起，然而很多企业发展到一定规模，组织就开始出现怠惰，最终不是死于外部竞争，而是亡于内部腐烂。任正非未雨绸缪，用毛泽东思想引领华为高速发展，事实也证明了任正非人才战略的正确性。

任正非说，汉武帝时期的名将霍去病 17 岁成为英雄，19 岁成为将军，22 岁就建立了不朽功勋。从华为现在的人才战略不难看出，任正非正在挖掘和培养无数个"霍去病"。华为将大量现金、股份分配向奋斗者倾斜，找准人才突破口，从他们的心意出发，去碰撞、激发和创造出一个个与时俱进的奋斗者。任正非认为，华为要持续发展，未来人才储备必须传承华为的奋斗精神，走出一条全新的变革之路。

任正非认为，随着华为的不断发展，必须考虑清楚什么东西可以继续保留，什么东西必须摒弃，怎样批判地继承传统，又如何在创新的同时承先启后，继往开来。继承与发展是华为的主要问题，要努力从必然王国走向自由王国。

任氏智慧

任正非："管理学上有一个观点：'管理控制的最高境界就是不控制也能达到目标。'这实际上就是老子所说的那句话：'无为而无不为。'基本法（《华为基本法》）就是为了使公司达到'无为而无不为'的境界。好像我们什么都没有做，公司怎么就前进了？这就是我们管理者的最高境界。"

华为接班人，就要这么选

> 接班人是用核心价值观约束、塑造出来的，这样才能使企业长治久安。接班人是广义的，不是高层领导下台就产生接班人，而是每时每刻都在发生的过程，每件事、每个岗位、每条流程都有这种交替行为，是不断改进、改良、优化的行为。
>
> ——任正非

企业经过创业、发展期后，必将进入新老交替的阶段，老一辈面临集体退出事业舞台的局面。如何将接力棒交给下一代，怎样保证企业可持续发展，这是世界上任何一家企业的人才储备战略都无法避免的一环，也是不容忽视的重要问题。华为作为一家世界知名、体量庞大的中国民营企业，其接班人问题更是引人关注。

国内外大多数企业接班人交替，通常都是采用家族传承形式。华为作为一家民营企业，是不是也会成为家族传承的企业呢？对此，任正非多次在公开场合强调，自己的家人永不接班。而且，华为在创业之初以及发展过程中，经过多轮改革，无论是全民持股还是轮值制度，都从根源上杜绝了让华为成为家族企业的可能性。

事实上，华为接班人制度早已被写进了《华为基本法》，且华为每时每刻都在进行新老交替，完全在制度下运作与传承。

2019 年 5 月 5 日，华为心声社区转发了《任正非谈管理：正职 5 能力，副职 3 要求，华为接班人，就要这么选！》一文，文中，任正非对华为接班人提出了四点要求：

一是，华为的接班人，除了以前我们讲过的视野、品格、意志要求以外，还要具备对价值的高瞻远瞩和驾驭商业生态环境的能力。

二是，华为的接班人，要具有全球市场格局的视野，具有达成交易、服务目标的执行能力。

三是，华为的接班人，要具有对新技术与客户需求的深刻理解，而且具有不故步自封的能力。

四是，华为的接班人还必须有端到端对公司巨大数量的业务流、物流、资金流等进行简化管理的能力。

任正非强调，华为接班人必须认同华为文化及企业价值观，企业文化是在企业价值观的基础上形成的，其形成过程并非一朝一夕，而是通过不断地实践并最终形成企业的灵魂，产生企业凝聚力，是企业得以持续发展的动力。如果接班人不能认同企业的核心价值观，就会破坏企业的凝聚力，加速企业走向灭亡。

美国企业研究者在 20 世纪 90 年代提出了三个命题：一是过去企业靠什么成功？二是企业过去成功的要素中，哪些持续帮助企业成功，哪些成为阻碍？三是企业面向未来，成功要依靠什么？《华为基本法》恰恰回应了这三个命题。《华为基本法》不仅对华为过去的成功经验进行了系统的总结、提炼和深化，还基于以往经验的传承，形成了华为独有的企业文化，完成了对企业未来的可持续发展的系统性思考，为人才储备战略和企业接班指出了明确的方向。

通过一系列探索、改革和创新，华为逐步实现了"无为而治"，因此任正非才能多次轻松地表示，根本不担心华为的传承和接班的问题，华为是靠流程和机制管理，有合理的授权，是正常的惯性运作。他本人在华为基本上是"游手好闲"的状态，并不像其他企业的老板那样事必躬亲，亲力亲为。

同时，任正非也强调："执行流程的人，是对事情负责，这就是对事负责制。事事请示，就是对人负责制，它是收敛的。我们要简化不必要确认的东西，要减少在管理中不必要、不重要的环节，不要制造垃圾，否则公司怎么能高效运行呢？"

对于接班人的要求，任正非说得很直白："只要是为了理想接班的人，就一定能领导好，就不用担心他。如果他没有这种理想，当他捞钱的时候，他下面的人很快也是利用各种手段捞钱，这公司很快就崩溃了。"

就任正非本人而言，随着华为的流程和制度的日趋完善，他在华为处于随时都可以退休的状态。任正非表示，他现在在华为就是发光发热，为大家作贡献，就像是蜡烛一样燃烧，只要还能为国家、为社会奋斗，只要还能够继续创造价值，自己并不在意"退休"这回事。

华为培养接班人的模式，从某种意义上来说，是从根部消除了企业"家族式"传承的弊端，保证了企业能够长期稳定地发展，极大地降低了个人认知和决策失误导致企业崩盘的风险。任正非愿意主动放权，让企业内有才能的人慢慢接管自己的权力，将企业发展看得比个人权力更重要。能做到这一点，可见任正非有着远超常人的广阔胸襟和格局。

任氏智慧

任正非："常务董事会也有任期制，每五年接受一次选举，可能选不上。即使这个人太优秀了，能连续选上，最多只能干三届。高级干部要有退出机制，如果都是终身制，年轻人成长不起来。轮值期间，有很多董事、高管都跟他们在合作，这些合作就是下一代接班人在培养。我们也在摸索，不能说肯定做得好。"

第八章

客户第一：
华为存在的唯一理由

　　"以客户为中心"一直是华为公司的核心价值观之一，华为非常注重客户的感受，至于竞争对手，华为从未将其列入公司的核心内容。任正非认为，将竞争对手作为工作中心，你就永远跟在别人后面，模仿别人，很难超越别人，自身根本问题还得不到解决。只有将客户当作企业生存下去的核心，才能培养出注重客户的员工，并推动企业的整体发展。

为客户服务是华为存在的唯一理由

> 其实我们的文化就只有那么一点，以客户为中心，以奋斗者为本。世界上对我们最好的是客户，我们就要全心全意为客户服务。我们想从客户口袋里赚到钱，就要对客户好，让客户心甘情愿把口袋里的钱拿给我们，这样我们和客户就建立起良好的关系。
>
> ——任正非

以客户为中心，以奋斗者为本，是华为自创立以来的核心价值观。2001 年 1 月 30 日，黄卫伟在《华为人》上发表了《为客户服务是华为公司存在的理由》一文，文中阐述了任正非结合实践对公司未来发展战略的思考。后来，任正非多次在讲话中强调"为客户服务是华为公司存在的唯一理由"，加上了"唯一"两字。

别小看"唯一"两个字，正是"唯一"两个字，体现了任正非敢于突破西方企业理论的勇气，即站在客户角度而不是投资者角度看待华为存在的价值。

西方企业理论关于企业所属权有两种代表性观点：一种观点认为企业属于利益攸关者，包括顾客、员工、股东等利益群体；另一种观点认为企业属于股东，也就是投资者，投资者拥有索取权，如果企业不能给投资者带来高回报，投资者就会撤资。第二种观点是西方的主流观点，也是我们常见的商业模式，西方企业理论和微观经济学理论就是在这种观点的基础上建立的。

任正非将"为客户服务是华为公司存在的唯一理由"纳入华为核心价值观，打破了西方企业理论限制，正是由于他经过管理华为的多年实践，看透了西方企业索取的逻辑。投资者作为利益主体，是追求利润最大化的，也是企业效率的原动力。但事物都有两面性，这也成为客户抛弃企业的原因。在任正非看来，客户持续购买华为的服务和产品才是华为长期发展的动力和基础。

华为是一家员工持股的公司，员工和企业领导者都是股东，只有让客户满意，选择华为，公司全员才会持续获益，如果客户不买华为的服务和产品，员工也就没了利益来源，因此公司不会将自己的利益凌驾于客户之上。任正非将更多利益分享给客户、员工，加大对未来的投入，只追求合理的利润，从长期利益出发抑制住了人性对利润的贪婪，打破了西方企业追逐利润的企业经营模式。

任正非在 2010 年 PSST（网络解决方案）体系干部大会上指出："我们主观上是为了客户，一切出发点都是为了客户，其实最后得益的还是我们自己。有人说，我们对客户那么好，客户把属于我们的钱拿走了。我们一定要理解'深淘滩，低作堰'中还有个'低作堰'。我们不要太多钱，只留着必要的利润，只要利润能保证我们生存下去。把多的钱让出去，让给客户，让给合作伙伴，让给竞争对手，这样我们才会越来越强大，这就是'深淘滩，低作堰'。大家一定要理解这句话，这样大家的生活都有保障，就永远不会死亡。"

任正非"为客户服务是华为公司存在的唯一理由"的思想，本质上就是通过利他来利己。客户选择了华为，华为才有机会为客户服务，才能存活下去，也就是，越利他就能越利己。利己容易，但要通过利他达到利己的目的，就需要更高的认知和格局了。

任氏智慧

任正非："我们不怕场景增多，但是场景化不是定制化，定制化是一个失败的道路。如果太过于定制化，又不能拷贝，这个成本就很高，我们就会死掉。我们要听客户的需求，但不是客户的所有需求都得一成不变地传回来，像个传声筒是不行的。我们要用多场景化的解决方案来消化客户的需求，化解他们存在的问题。"

从客户角度出发做决策

西方国家认为，最重要的是管理而不是技术，但在我们国家，很多人认为最重要的是技术。因此，在国内，重技术轻管理，重技术轻客户需求，还是比较普遍的。但主宰世界的是客户需求。我希望大家改变思维方式，要做工程商人，多一些商人味道，不仅仅是工程师。要完成从"以技术为中心"向"以客户为中心"转移的伟大变革。

——任正非

华为创始人任正非非常善于从客户角度出发进行战略布局和决策，他主张华为要紧跟市场的变化，及时调整战略方向，以满足客户的需求。在华为的发展过程中，任正非带领团队多次成功地进行战略转型，抓住了通信行业的发展机遇。

在广阔的市场竞争中，华为的产品以其独特的魅力赢得了客户的青睐与选择。华为公司的辉煌成就，成功证明了任正非从客户角度出发做决策的正确性。这种以客户为中心的理念，不仅构筑了华为品牌坚实的信任基石，更成为推动其发展的核心驱动力之一。

任正非强调，企业要为客户提供全方位的解决方案。他主张企业要深入了解客户的业务，为客户提供一站式的服务，帮助客户解决实际问题。以华为的云计算业务为例，任正非提出华为要打造全球领先的云计算平台，为客户提供全面的云计算解决方案。这一战略的实施，使华为云计算业务取得了快速发展，华为成了中国市场份额领先的云计算服务提供商。

当前，各国科技企业都在 AI 领域紧锣密鼓地布局，美国也想方设法在高科技领域继续卡中国企业的脖子，华为作为中国科技企业的领军者，自然成了中国企业翘首以盼的破局者。华为轮值董事长徐直军在第三届华为全联接大会上发表主题演讲时，详细阐述了华为的 AI 发展战略和全栈全场景 AI 解决方案，这不仅意味着华为有能力为客户提供强大的算力和应用开发平台，也再次证明了华为的战略决策依然是满足客户的需求。

徐直军在演讲中表示，华为有能力为客户提供用得起、用得好、用得放心的 AI，希望能够和客户、产业链伙伴合作共赢，实现 AI 普惠，构建万物互联的智能世界。从徐直军的演讲中不难看出，华为"以客户为中心"的核心价值观从未改变，变革的是华为为客户服务的方式，也就是任正非提出的"管道战略"。

华为"管道战略"的范围很广，不仅面向运营商，还面向企业和消费者。任正非强调，华为要根据行业发展趋势更新"管道战略"范围，明确自身核心优势领域，不再以技术分类，而是按客户场景、客户需求分类。他指出："谁买我们的管道，谁就是我们的客户。"

任正非认为，华为目前"在无线、光、数据通信上要持续领先，在数学核心算法的基础上，通过和物理、化学上领先的伙伴进行合作，开放创新，构建性能和成本的长期竞争优势"。同时，"要增加物理学、化学的高端人才，掌握相关能力，应用到产品与解决方案中，而不是大规模投入物理学、化学材料基础研发本身"。

在运营商业务方面，任正非要求华为能"正确理解客户需求，面对未来加大投入，将运营商解决方案做深，做透"；在企业业务方面，任正非强调华为要"纵向发展，横向扩张，在行动中积累能力，在过程中及时地优化和调整，聚焦在自己明白的少数领域"；而在消费者业务方面，任正非要求华为要"走向更加开放，将通信功能做到最好"，面对多样化、个性鲜明的客户，要有理解他们的能力，越做越好，越做越精。

在华为从创业之初到发展至今的过程中，任正非从始至终都很明确，客户才是华为生存和发展的根本，他始终坚持以客户为中心，从客户的角度出发进行决策，为客户提供优质的产品和服务。只有满足客户的需求，从客户的角度思考问题、解决问题，才能让企业实现长远发展。任正非将这种经营理念和决策方式贯彻到企业的日常管理中，促成了华为一直向前发展。

任氏智慧

任正非："拜一切能人为师，不断提升自己，我们不是只想做'村长'，我们有更高的追求，就是要向一切先进学习。其实骂我们最厉害的人就是我们的老师。客户骂我们最厉害，我们才有今天的进步。所有挑毛病的都是在给我们上课，很多时候我们没有这个意识，就会抵制这些建议。"

只要土壤在，就不愁没收成

我们要接受"瓦萨"号战舰①沉没的教训。战舰的目的就是作战，任何装饰都是多余的。我们在变革中，要避免画蛇添足，使流程烦琐。变革的目的要始终围绕为客户创造价值，不能为客户直接和间接创造价值的部门为多余部门，流程为多余的流程，人为多余的人。我们要紧紧围绕价值创造，来简化我们的组织与流程。

——任正非

任何企业的发展都离不开客户，没有客户，企业也就没有了存在的价值，客户关系管理虽然不能直接产生价值，却是企业实现自身发展目标的重要支撑力。从某种意义上来说，客户关系决定了一

---

① 由瑞典国王阿道夫·古斯塔夫二世下令于 1625 年开始建造的一艘三桅战舰，因建造过程中埋下太多隐患，1628 年 8 月 10 日下水首航那天，"瓦萨"号遭遇强风，航行仅仅十多分钟就沉入波罗的海。

家企业能否达成自己的商业目标，甚至决定着企业的生死。

许多人会将维护客户关系误解为送礼、请客吃饭，实际上，客户关系管理的核心价值在于帮助企业作出最正确的战略决策。有些公司在进行客户关系管理时会陷入一个误区，那就是眼睛只盯着项目和机会，而忽略了其背后的核心——客户。

任正非在推动华为客户关系管理变革时，有两个非常重要的思维：一个是站在客户的角度看自己；另一个是站在未来的角度看现在。站在客户的角度看自己，可以让自身更好地以客户的需求为导向，作出正确的决策；站在未来的角度看现在，可以从大量目标客户中筛选出正确的客户。任正非的这种认知方式，将华为从舒适区拉出来，看清了自身的不足，促成了华为在发展中变革、在变革中发展的良性生存模式。

早在 1995 年，任正非就为华为规划了未来的方向，通信行业未来必将"三分天下"，华为将占其一。实现这一愿景的基石就是华为"以客户为中心"的核心价值观。任正非强调，华为不能被项目的短期利益诱惑，要选择正确的客户，并围绕目标客户构建客户关系，将工作中心转向客户。任正非指出，客户就是土壤，项目和机会就是土壤中长出的庄稼，只要土壤在，就不愁没收成。

实际上，华为早期的客户关系管理与其他企业大同小异，都是传统 CRM（客户关系管理）理论的应用者。在实践过程中，任正非认为 CRM 理论存在明显缺陷：首先是目的性太强，只针对目标项目，而对非项目期间的客户关系维护薄弱，对客户的洞察和分析能力不足；其次是项目运作同质化严重，很多企业的客户关系管理也是通过 CRM 来实施的。因此，华为在 2008 年重新构建了客户关系管理流程，形成了一套独立、完整的管理体系，叫作 MCR（管理客户关系）流程。

维护客户关系是所有企业的生命线，对于华为来说，也是如此。任正非在华为 2015 年市场工作会议上指出，华为变革的目的就是要"多产粮食"和"增加土地肥力"。任正非在会议中强调："我们在管理上，永远要朝着以客户为中心，聚焦价值创造，不断简化管理，缩小期间费用而努力。任何多余的花絮，都要由客户承担支付的，越来越多的装饰，只会让客户远离我们。因此，我们明确任何变革都要看近期、远期是否能'增产粮食'。"

企业管理客户关系的经营活动，实质上就是在用有限的资源，去获取无限的市场机会。正所谓"大道至简"，任正非的方法很简单，那就是"加大投入土地肥力，将来才能多打粮食"。无论是"让听得见炮声的人来呼唤炮火"，还是 2015 年"管理权下沉"，任正非的目的都是让华为拥有及时满足客户需求的能力和速度。

任氏智慧

任正非："商业活动的基本规律是等价交换，如果我们能够为客户提供及时、准确、优质、低成本的服务，我们也必然获取合理的回报，这些回报有些表现为当期商业利益，有些表现为中长期商业利益，但最终都必须体现在公司的收入、利润、现金流等经营结果上。那些持续亏损的商业活动，是偏离和曲解了以客户为中心的。"

屁股对着老板，眼睛才能看着客户

经过十几年的不懈奋斗和挣扎，我们取得了一点成绩，这里要感谢长期支持华为的客户，没有客户的支持、信任和压力，就没有华为的今天。客户对我们的信任，是华为依靠不断的艰苦奋斗得来的。现在我们的客户也在不断的进步，来自客户需求的压力越来越大，我们没有理由停下来歇一歇，必须更加努力，来回报客户对我们的信任。

——任正非

华为内部有这样一句话："用华为对用户的忠心换取用户对华为的忠心。"意思是，华为要用对客户百分之百投入的服务，换取客户的信任，让客户始终选择华为作为合作对象。任正非告诫员工："长寿企业与一般企业在平衡长期与短期利益的时候有不同的原则，而不同的原则来源于对企业目的的认识。企业的目的是为客户创造价值。"

综观世界各国企业的兴起与没落，不难发现主导企业兴衰的不是品牌，也不是规模，而是客户。品牌只是吸引客户的工具，再好的品牌，没有客户企业也站不住脚，再大规模的企业一旦失去客户也会瞬间瓦解。通用电气前 CEO 杰克·韦尔奇就曾说过："公司无法提供职业保障，只有客户才行。"沃尔玛的创始人萨姆·沃尔顿更是认为："实际上只有一个真正的老板，那就是客户。他只要用把钱花在别处的方式，就能将公司的董事长和所有雇员全部都'炒鱿鱼'。"

研究表明，在影响客户作出选择的因素中，口碑传播的影响力要远远大于商业广告和宣传。而要获得客户的高忠诚度，企业除了要有质量过关的产品、良好的信誉，还要有完美的服务才行。在华为的发展过程中，任正非不断强调为客户服务的重要性，他本人对客户服务的要求达到了近乎"偏执"的地步。

华为创业早期，公司只有一辆车，如果任正非有事要出去，恰巧又来了客户，毋庸置疑，车是要优先接送客户的。创业时期，任正非喜欢到处跑，他规定基层不许接机，谁敢接机就地撤职。当时有个负责人并没有把任正非的话当真，安排了一辆豪车去机场迎接，结果任正非勃然大怒，训斥道："你现在应该待的地方，是客户办公室，而不是陪我坐在车里！客户才是你的衣食父母，你应该把时间花在客户身上！"事后，该名负责人被撤职。

出差不通知所在地的公司负责人，下飞机后乘出租车直奔酒店或者开会地点是任正非的习惯。华为高管也大抵如此。他们说华为这样做并不是华为高层有多高的道德觉悟，而是因为在华为，客户大于领导，客户关系着公司存亡。

在内部管理会议上，任正非强调："你们要脑袋对着客户，屁股对着领导。不要为了迎接领导，像疯子一样，从上到下地忙着做胶片……不要以为领导喜欢你就升官了，这样下去我们的战斗力是会削弱的。"他进一步指出："在华为，坚决提拔那些眼睛盯着客户，屁股对着老板的员工；坚决淘汰那些眼睛盯着老板，屁股对着客户的干部。前者是公司价值的创造者，后者是谋取个人私利的奴才。各级干部要有境界，下属屁股对着你，自己可能不舒服，但必须善待他们。"

任何一家企业想要在竞争中实现可持续发展，为客户创造价值，满足客户需求是重中之重，也是企业立身之本。当然，也没有任何一家成功企业的管理者会不重视客户。但像任正非这样，企业发展到如此规模，还能将身段放得极低，始终如一地为客户服务的企业家，难能可贵。华为在竞争中做到了给客户最好、最诚心的服务，与客户建立了良好的长期合作关系，而这些忠诚的客户，也成就了如今的华为。

任氏智慧

任正非："这（以客户为中心，以奋斗者为本，长期坚持艰苦奋斗）就是华为超越竞争对手的全部秘密，这就是华为由胜利走向更大胜利的'三个根本保障'。我们提出的'三个根本保障'并非先知先觉，而是对公司以往发展实践的总结。这三个方面，也是个铁三角，有内在联系，而且相互支撑。以客户为中心是长期坚持艰苦奋斗的方向；艰苦奋斗是实现以客户为中心的手段和途径；以奋斗者为本是驱动长期坚持艰苦奋斗的活力源泉，是保持以客户为中心的内在动力。"

第九章

逆水行舟：
华为是一只打不死的鸟

人生如逆水行舟，不进则退。逆境中，格局往往决定了成败。格局有多大，眼界就有多宽，逆流而上的勇气就有多大。所谓格局大，就是眼界宽，心胸广，意志坚，眼睛看着世界，内心明辨是非。纵观古今中外，凡是有所作为的人，无论在认知还是格局方面，都远超常人。有大格局才能有大气度，有大气度才能更好地驱动自己的力量战胜各种困难。华为创始人任正非在华为至暗时刻，说着最温和的话，挺起最硬的脊梁，带领华为逆流而上，向世人展示了格局的力量。这是他的一种人生状态，更是一种人生境界。

正是因为我们领先了才打我们

我今天最高兴、最兴奋的是美国对我们的打压。因为华为公司经历了三十年，我们这支队伍正在懒惰、衰落之中，很多中高级干部有了钱，就不愿意努力奋斗了。

——任正非

从 2019 年开始，美国对华为的打击力度逐步升级。2019 年 5 月 15 日，特朗普政府颁布了对华为的禁令，将华为及其 70 个关联企业列入"实体清单"，展开了对华为的全方位制裁，从"不让华为卖进来"变成"不让华为造出来"。不难看出美国制裁华为背后的意图，对方就是想要阻止中国科技的发展和中华民族的复兴。正如任正非所说："如果我们技术上落后于美国，美国政客有必要这么费劲打我们？正是因为我们领先了，才打我们。"

任正非接受媒体采访时，将美国对华为的制裁看作是美国在为华为打广告，说他自己很兴奋，甚至还向美国表示感谢，认为美国的制裁让活力正在衰退的华为又燃烧起了活力。任正非最喜欢的一张照片是第二次世界大战时苏联一架被打得千疮百孔仍在飞行的轰炸机照片，他说华为现在就是这个样子，已经被打得千疮百孔了，但华为还是不想死，还想飞回来。

任正非说："我们现在的处境是困难的，但不会死。美国把我们放到'实体清单'中，我们公司可能有一定的困难，但是我们会一边飞，一边修补漏洞，一边调整航线，一定能活下来。至少在5G 等技术上，我们还是会在世界上领先，竞争对手不是一两年能赶上我们的。"同时，任正非表示，"实体清单"对华为影响最大的是终端，这个洞也是要补上的。

美国的"实体清单"出来以后，华为面临来自美国及其盟友的全方位打压和制裁，许多媒体认为华为活不过三个月，将库存物资生产完也就死定了。任正非却说，美国这次危机对华为的打击也不是非常大。因为华为三十多年来危机不断，过去没有人才，没有技术，也没有资金和市场，那时候的危机会严重到危及企业生命。而现在，华为是有能力应对当前困难的，自己没觉得有多么恐怖。

长女孟晚舟被加拿大扣押后，一边是身为父亲对女儿的责任和牵挂，一边承载着拥有数十万员工的华为的生死存亡，面对如此压力，任正非在媒体面前却丝毫看不出担心，他说着最软的话，挺着最硬的脊梁。华为内部管理层曾经说，我们老板总是在公司发展好的时候天天喊"狼来了"，在公司遇到危机的时候又很云淡风轻。

面对打压不反击，在别人看来可能是忍辱负重，但实际上未尝不是一种以退为进的策略。与他人争口舌之利，绝不是能人所为。但凡有所作为之人，面对危机都有自己清醒的认知和战略格局。格局就是先有规格，才能布局，一个敢于承认对手强大的人，才具备打败对手的能力。正是因为有如此的大格局，任正非才能在美国的步步紧逼下依然淡定，将危机变为华为前进的动力，把磨难变成华为的磨刀石，让华为能抓住一切机会凤凰涅槃。

任氏智慧

任正非："美国一打压，我们内部受到挤压以后，就团结密度更强了，更是万众一心一定要把产品做好。而我的担子减轻了，所以我就可以潇洒一点……我们向美国学习先进开放，那我们将来有一天会先成为发达公司的。"

除了胜利，我们已无路可走

当前我们面对美国的压力，有位名人说"堡垒是从内部攻破的，堡垒是被外部加强的"，公司内部正在松散，奋斗的意志正在衰退的时候，是外部压力激发我们内部加强了密度，巩固了团结。我们决不能妥协，一定要胜利，除了胜利，我们没有其他路可以走。

——任正非

"天将降大任于是人也，必先苦其心志，劳其筋骨，饿其体肤，空乏其身，行拂乱其所为，所以动心忍性，曾益其所不能。"孟子这番话用来形容任正非最合适不过。人到中年，因欠下债务被逼无奈创立华为，历尽坎坷，只为活下去，年逾古稀依然要为华为能活下去而战，这位企业家身上总带着几分悲情的色彩。

尽管早在与摩托罗拉的收购交易"流产"时，任正非就已经预见了华为终会与美国顶峰相见，会被打击，并为此做了大量准备，包括但不仅限于 2004 年成立海思半导体公司，2011 年创办"2012 实验室"等，当这一天真正到来的时候，美国的打击力度之大、范围之广还是超乎了他的想象。

外人只知道华为在手机芯片方面被制裁了，实际上被限制的还包括数以万计的元器件和电路板，以及数据库、操作系统、ERP 等基础软件和开发工具等，覆盖众多业务领域。任正非在内部会议中指出："在发展过程中我们可能还会有挫折，历史上从来没有过'和平崛起'，我们也要准备不可能'和平崛起'。"他告诫所有华为人，"除了胜利，我们没有其他路可以走"。

任正非并没有因为可预见性的未来就放弃自主研发，像其他企业那样做个组装厂，而是选择了与美国峰顶相见。固守"塔山"让华为 BG 在 5G 这个产业里取得了大突破，为合围争取了机会与时间，守住了云平台的种子，"科技上甘岭"只许成功不许失败……一场场没有硝烟的战役悄然打响，《时代》周刊评价任正非是"一个为了观念而战斗的硬汉"。

古人云："逆境顺境看襟度，临喜临怒看涵养。"在任正非身上，我们能看到他顺风顺水时的危机意识，又能看到他"泰山崩于前而色不改"的豁达。任正非说："我们这一代人因为特殊的时代背景，身上烙上了毛泽东时代的深深印记，对理想抱负狂热追求，充满激情而又不乏理性，似乎人生的目的就是通过不断的奋斗拼搏来达到一种自己向往的理想状态，过程比结果更重要。"

华为内部处处彰显出任正非式的"军队"特色文化，"没有攻不下来的山头""打不垮的精神"已被任正非植进华为人的意识里。

华为被美国列入"实体清单"的凌晨，消息传来，华为没有被吓倒，海思总裁何庭波在《致员工的一封信》中写道："为了这个以为永远不会发生的假设，数千海思儿女，走上了科技史上最为悲壮的长征，为公司的生存打造'备胎'……今天，是历史的选择，所有我们曾经打造的备胎，一夜之间全部'转正'！"这封信点燃了华为人的斗志，也让国人热血沸腾。

公司处于风口浪尖，华为员工进入了空前团结的战斗状态，有人取消了休假，有人延长了加班，还有准备跳槽的员工选择留下来战斗，因为"这个时候离开，我会觉得自己像一个逃兵"。一名海外市场人员说："人在，阵地在。"华为员工回忆，那时华为全员不约而同连夜奔赴办公室投入战斗，调整作战阵形，明确新一轮的作战目标和思路措施，紧张有序地开展工作，用胜利回报公司。深夜十点的华为大楼，每间办公室都灯火通明。

任氏智慧

任正非："确定和我们不交往的公司，我们就要去补这个'洞'，飞机上一边飞，一边用铁皮或纸把洞补上，飞机还可以继续飞。能飞多长时间？要飞到才能说，一个破飞机，我们怎么知道可以飞多长时间。我们希望能飞到喜马拉雅山顶上，我们的理想是到珠穆朗玛峰顶。美国也想去珠穆朗玛峰。美国从南坡爬坡，背着牛肉罐头、咖啡……我们背着干粮，没有矿泉水，只有雪水，在北坡爬坡。"

如果信仰有颜色，那一定是中国红

在我们没有受到美国打压的时候，孟晚舟事件没发生的时候，我们公司才是到了最危险的时候。大家口袋都有钱，惰怠，不服从分配，不愿意去艰苦的地方工作，这是危险状态。现在我们公司全体振奋，整个战斗力在蒸蒸日上，这个时候我们怎么到了最危险的时候了？应该是在最佳状态了。

——任正非

灯塔在守候，晚舟早归航。自 2018 年 12 月 1 日被捕，历经长达 1028 天的拘押，任正非长女孟晚舟于 2021 年 9 月 25 日晚落地深圳宝安国际机场，身着一袭红裙的她在演讲中数次哽咽，她说："如果信仰有颜色，那一定是中国红。"

孟晚舟事件引发了全球性的关注，原本她和任正非两人要同去阿根廷参加一个会议，孟晚舟提前两天出发，如果两人同行，后果可能更加严重。女儿孟晚舟在加拿大被拘押，任正非却并没有打乱自己的行程，依然前往了阿根廷，只是没有从加拿大转机。任正非说："孟晚舟是两个大球碰撞当中夹缝里的小蚂蚁。"

很显然，这件事不仅仅关乎孟晚舟一个人的命运，还关乎一个国家的尊严。外界纷纷猜测，当时任正非已经76岁了，是否会因为女儿而作出不合常理的决策？又或者，孟晚舟扛不住如此巨大的压力……美国显然低估了中国的实力和决心，也低估了这对父女，没想到一口下去，啃到了两根"硬骨头"。

在接受央视采访时，记者问任正非："外界担心由于不断升级的中美贸易摩擦，可能会影响到孟晚舟在加拿大的引渡诉讼，这一次在这样的背景下，您担不担心她未来怎么样？"任正非乐观地回答道："不担心。因为现在我女儿本身也很乐观，她自己在自学五六门功课，她准备读一个'狱中博士'出来。她没有闲着，每天忙得很。她现在在温哥华，软禁状态，不是监禁，四周都有警察包围着的，但是生活还是自由的。"

任正非对外宣称，一直相信美国和加拿大都是法治国家，要通过证据证明她有没有罪，相信这件事会有个公正的结果。从媒体披露的消息来看，孟晚舟被拘押期间也和父亲一样乐观从容。

外界都在为孟晚舟鸣不平的时候，任正非在接受国外媒体采访时表示，让贫穷的中国老百姓让渡利益给美国，来救一个有钱的华为，自己良心上过不去。宁可自己女儿多受点罪，华为多挨几年打，也不能把中国的利益让给美国。

孟晚舟回到祖国的怀抱，任正非悬着的那颗心终于落了地，他没了往日的风轻云淡，开心得手舞足蹈，像个孩子，他说："在我们内部涣散的时候，孟晚舟给公司写了封信，感谢美国的外部压力，使我们的内部变得坚强，这是我们战胜美国的力量。我们经常在文件中看到一个名人说了什么名言名句，这个名人就是孟晚舟。孟晚舟怎么不是名人呢？现在全世界都知道她了！"

孟晚舟事件的最终结果，我们无法用成功或失败来定义，但整件事让我们明白了一个道理：科学是有国界的，只有国家强大才有民族尊严。任正非在大是大非面前的格局与胸怀，孟晚舟被拘禁以来的乐观与从容，也向我们揭示了一个道理：父母的格局有多大，孩子就有多么出色。人与人之间，最大的差距不是财富，而是眼界和格局。

任氏智慧

任正非："如果通过这个'棋子'能解决问题，听起来是好的，但是要中国国家为我们做出让步，我是不会去推动的，这是国家与国家之间的问题。我们毕竟有钱，还能扛得起打击，中国很多老百姓是贫穷的，让贫穷的老百姓让一些利益给美国，来救一个有钱的华为，我良心上过不去。所以，我认为，我能坚持多挨打几年，包括我女儿多受一些罪，也不能把中国的利益让给美国。"

美国不可能扼杀掉我们

我们形容自己是一架千疮百孔的"烂飞机"，这个飞机被打得到处都是洞了，但是这架飞机的发动机和油箱还是好的。所以我们一边飞一边修补洞，这个洞如果修好了，我们的飞机照样飞。不是美国取消对我们的制裁，而是我们自己把飞机修好了，所以我们的飞机可以继续飞。

——任正非

华为作为中国科技企业的领导者，成为美国不遗余力、不择手段打压的"出头鸟"，即便是包括美国在内的西方媒体，也认为美国做得有些过头了。奥地利《标准报》称："抵制华为就是一场拙劣的争论。"美国有线电视新闻网（CNN）表示："美国与华为的冲突正在'搅乱全球5G计划'。"德国《南德意志报》刊文称："美国正迫使其盟友不要使用中国的技术，但德国专业人士已经告诫人们，不要对中国存有预先的偏见。"

任正非对华为和美国在科技领域的顶峰遭遇早有预见，并花了十几年时间打造"备胎"，为美国对华为高科技产品断供的局面做了预案。任正非面对媒体时的风轻云淡和美国不惜动用国家机器全方位打压华为的行为形成了鲜明的对比。任正非的态度不仅增强了客户和员工对华为的信心，更向世界展示了他的远见和格局。

任正非在接受英国广播公司（BBC）采访时表示："美国不可能扼杀掉我们，因为这个世界离不开我们，因为我们比较先进。我认为，即使它说服了更多的国家暂时不用我们，我们可以收缩变小一点。我们不是上市公司，不为了报表而奋斗，收缩小一点，我们的队伍就更加精干，条件成熟时，我们提供的东西会更受人们的欢迎和喜爱。"

任正非认为 5G 时代的到来是不可阻挡的世界科技进步潮流，美国对华为的"不断地质疑""挑剔"是逼着华为把自己的产品、服务做得更好，让客户更喜欢华为。客户更喜欢华为，才会克服重重困难来购买华为的产品，华为才更有机会。华为并没有因为美国制裁而恐慌，会根据美国提出的问题，提高自己产品的质量和服务水平。

从任正非的话中可以看出他的自信，他将美国的阻挠当作华为的磨刀石、再次成长的垫脚石。任正非还将美国政府的制裁当作美国在为华为做广告，接受国外媒体采访时，任正非表示，正是因为美国很多高官在世界面前宣称"华为这个公司很重要，它有问题"，才让华为这个不是很出名的小公司受到全世界人的关注，让华为的销售额增长速度变得非常快，所以"我们要感谢美国政府到处为我们做广告"。

任正非形容华为是一架千疮百孔的"烂飞机"，他说："我们不想死掉，就要改正我们存在的问题和缺点。我们看看飞机的哪个洞是最大的，我们先要把这个洞补起来。在大洞补完之后再补小洞，洞补完了，我们就可以自由飞翔了。"

美国打压、封杀华为，既有科技、商业和市场目的，也有现实利益需要和长远战略意图。打压华为只是一个开始，却永远不是结束。美国新一轮制裁牵扯的中国公司几乎全都是高科技领域的，如卫星领域的北京云泽和长光卫星，电子通信设备领域的爱码芯科技和迅高实业，涉及人工智能和半导体领域的北京壁仞科技、杭州光线云科技、北京摩尔线程智能科技、南京超燃半导体等。

就像任正非说的那样，中美科技之争的背后，实际上是人才和教育方面的比拼，不是短时间内的"突击战"，而是长时间的"持久战"。任正非认为，美国无法击垮华为，因为世界需要华为，华为的技术更先进，世界也不会分裂为两种标准，最终还是要走向"为全人类提供服务"这一目的。

任氏智慧

任正非："关于美国对我们的一些打击、指控，我认为应该由法律来解决。我相信美国是一个法治国家，是一个公开透明的国家，最终通过法律来解决。我有时候也很高兴，美国是世界最强大的国家，美国高级领导走到全世界都在说华为，其实我们广告没做到那些地方，人们还不知道华为为何物，由于他们一讲，全世界都知道华为，现在全世界的舆论中心'华为、华为'。我们得到了一个简直非常伟大的廉价广告，让人们最终认识到华为是一个好东西的时候，我们的市场困难就会减少很多。"

西方不亮，还有东方亮

> 有些国家觉得华为是可信的，那我们就走快一点。世界太大了，我们根本都走不过来，如果全世界同时都要买我们的东西，我们公司会崩溃的，我们没有这么多东西可以卖给大家，也生产不过来。我们认为，分期、分批的一些国家接受我们，对我们有序地发展是有好处的。
>
> ——任正非

2020年10月的华为Mate40手机发布会上，由台积电代工的麒麟9000芯片被很多人认为是麒麟的"绝唱"。发布会后，余承东身后的大屏幕上，一轮红日逐渐被黑暗吞噬，此情此景令全场不禁泪目。

但华为这轮红日并没有屈服，而是奋力发起了反击。华为终端已经没有了退路，余承东表示："如果我失败了，我基本就废掉了，所以我必须成功。"任正非那句"烧不死的鸟才叫凤凰"一直激励着华为人，他们已经把打胜仗当成了一种信仰。当黑暗再次来临，华为人的斗志又被点燃了。

华为发动了"没有退路就是胜利之路"的军团大战，任正非在军团成立大会上宣讲誓言："我们要用艰苦奋斗、英勇牺牲，打出一个未来三十年的和平环境，让任何人都不敢再欺负我们！"在任正非的带领下，华为人再次向死而生，甚至不惜牺牲个人利益，也要打赢这场生死战。

美国集全球数国之力打压华为，或许怎么也没想到这一棒子打下去，不但没能打垮华为，反而激发出火山爆发式的庞大能量。2023 年 8 月 29 日，没有预告，没有宣发，华为终端 Mate60 系列携麒麟 9000S 芯片归来。面对美国的极限施压，华为做到了浴火重生。

任正非在接受国外媒体采访时，化用了毛泽东《中国革命战争的战略问题》里的那句"东方不亮西方亮，黑了南方有北方"，他说："西方不亮，还有东方亮；黑了北方，还有南方。美国不代表全世界，美国只代表一部分人。"任正非称，华为的理想是"为全人类提供服务，努力攀登科学高峰"，有更多人来一起完成，符合华为的价值观。

关于美国描述的华为产品安全问题，任正非说，美国这个国家没有华为的设备，是不是就解决了网络安全问题？如果美国因为没有了华为，就解决了网络安全问题，那么牺牲华为一家公司就是值得的。但是很显然，美国并没有解决信息安全问题。任正非接受采访时说："美国并没有解决信息安全问题，它的经验怎么给别人介绍？说'我们没有用华为设备，但是我们信息也不安全'？它这样的解释怎么让欧洲相信呢？"

华为经历四年制裁，不仅没被打倒，终端业务携麒麟芯片回归，昇腾、盘古大模型等都在这四年内走到了世界领先，还锻造出了一批像孟晚舟那样临危不惧的"华为英雄"。任正非对于华为而言，就像黑暗中的灯塔，经历无数个至暗时刻，他的生命一次次被拓展，向世人展现出最坚毅刚强的品质。任正非的长女孟晚舟，对这种品质有过很好的阐述："勇敢不是不害怕，而是心中有信念。"

任氏智慧

任正非："过去三十年，我们给 170 多个国家、30 多亿人口提供了信息服务，填平了数字鸿沟，由于信息变得比较便宜，很多穷人都可以在很远的山沟里面看见这个世界是什么样子，这些孩子就会得到很多进步，这些孩子将来就是下一代人类社会的栋梁和骨干。我们为了信息社会给人类提供更美好的未来提供服务。"①

---

① 此段发言摘自 2019 年任正非接受 BBC 的专访记录，相关数据是基于当时情况，故未做更新。

第十章

非凡领袖：自我修正，在实践中纠偏认知

43岁的任正非因生活所迫创立华为，当时只有一个目标，就是"活下去"。后来华为壮大了，他却把大部分股权都分给了员工，和全体员工共享发展成果。因为不懂管理，他把自己的权力也分了出去，交给了制度和流程，把自己变成公司的"傀儡"。他说自己"无能"，不抱怨，不指责，不断自我批判，在实践中纠偏认知，向发达国家学习，以广阔的格局和心胸，为世界优秀人才创造舞台。自古英雄多磨难，出身平凡的任正非用非凡的格局和智慧成就了华为伟大的事业。

贫穷是生活给予的馈赠

我的青少年时代就是在贫困、饥饿、父母逼着学中度过来的。没有他们在困难中看见光明，指导并逼迫我们努力，就不会有我的今天。

——任正非

任正非究竟是个什么样的人？公司发展良好时大喊"狼来了"，高呼"下一个倒下的将是华为"，面对极致压力，却又一副风轻云淡的样子，笑称"美国的制裁对我们影响不大"。他带领华为从一个倒卖产品的小公司变成世界一流高科技企业，举手投足都能影响一个行业的走向。他是如何做这一切的呢？

任正非出生于 1944 年，父母都是老师，家里有七个孩子，经济负担非常重。当时，任正非一家大小连张像样的床都没有，床板上面铺着稻草，几个人合盖一床被子，几个孩子都没有一件合身的衣服，夏天也只能穿着厚外套去上学。每到开学，任正非的父母都要为学费发愁，总是四处借钱交学费。

吃不饱是任正非最深刻的童年记忆，那时候他做梦都想有个馒头吃。为了生存，一家七个孩子只能实施分餐制，这一餐谁吃了主粮，下一餐就只能吃野菜和树根充饥。当时正在读高中的任正非，因长期食不果腹，经常饿得昏昏沉沉，导致学习挂科了。

任正非接受采访时回忆，那时候母亲为了让他能全身心地准备高考，每天都会给他准备一个小玉米饼，这个玉米饼激励着他发奋学习，他觉得除此之外无以为报。功夫不负有心人，最终任正非不负众望，考入了重庆建筑工程学院（现已并入重庆大学）。任正非感慨地说："如果不是这块玉米饼，也许我考不上大学，也创立不了华为，社会上可能会多一名养猪能手，或街边多一名能工巧匠而已。这个小小的玉米饼，是从父母与弟妹的口中抠出来的，我无以报答他们。"

考上大学要自带被褥，这又难坏了任正非的父母，后来是任正非的母亲将那些高中毕业生丢弃的破棉被捡回来，拆洗干净，重新缝制才勉强对付过去的。

因为贫穷，任正非一家人常结伴外出寻找食物，采野果、摘野菜，相互扶持着渡过难关；因为贫穷，任正非一家人坚守着分餐制，孩子们即便再饥饿，也不去碰家里那些装着粮食的罐子，因为他们懂得，想要活下去，罐子里的粮食只能由母亲分配。

穷困的生活经历让任正非深深体会到了同舟共济的力量，他因此从父母身上学到化解苦难和危机的能力，养成了乐观顽强的性格，他在创立华为后，能带领华为安全度过诸多危机和困境正是得益于此。

创立华为后，任正非实行全员持股制度，与奋斗者共享成功，对此，任正非说："我的不自私是从父母身上学到的，华为这么成功，与我不自私有点关系。"

任正非还曾说过这样一句话："穷困是有大作为的人的第一桶金，饥饿感是一个人最初的动力源泉。"他将过往的贫穷视为生活的馈赠，因为贫穷磨砺出了他坚韧不屈的性格，他在贫穷中学会了无私和感恩。他一步一个脚印，勇敢坚毅地向前走，以极大的格局引领华为走向世界前列，走出了具有中国特色的民营企业之路。

因此，人生路上暂时的贫穷并不可怕，度过贫穷你将会感恩曾经的穷苦打造了勇敢努力的自己。

任氏智慧

任正非："我主持华为工作后，我们对待员工，包括辞职的员工都是宽松的。我们只选拔有敬业精神、献身精神，有责任心、使命感的员工进入干部队伍，只对高级干部严格要求。这也是亲历亲见了父母的思想改造的过程，而形成了我宽容的品格。"

伟大的背后，都是苦难

　　越难的环境，成长起越有能耐的人。不怕配不上你经历的苦难。C角之难，难于上青天，若能上青天后，干什么，就是一代领袖崛起了。领袖是准备好了再上位的。我们要有优秀的员工愿意长期默默无闻地做C角，我们要承认C角是伟大队伍中的一员，一定不要忘了暂时做不出贡献的C角，这样才能保证我们公司长久不衰。

——任正非

　　华为曾发布过一则引人关注的广告，该广告配图为"芭蕾脚"，那是一双醒目的芭蕾舞者的脚，一只伤痕累累，一只包裹在华美的芭蕾舞鞋中，配文是罗曼·罗兰的名言："人们总是崇尚伟大，但当他们真的看到伟大的面目时，却却步了。"任正非长女孟晚舟被加拿大拘押后，曾在朋友圈发过此图，并配文罗曼·罗兰的另一句名言："伟大的背后都是苦难！"

171

一部华为创业史，就是任正非从苦难中奋发图强的成长史。伟大的背后都是苦难，一路走来，很多事都足以要了任正非和华为的"命"，但他和华为都挺了过来。曾经苦难的岁月，磨炼出了任正非朴素无华、坚韧不拔的品性。

1968 年，任正非应征入伍。在部队里，他是"学毛著标兵"，荣获过"全军技术成果一等奖"，后来因部队建制调整，任正非转业到深圳南油集团，任该集团下属一个电子公司的副总经理。

1987 年，任正非在一次商业活动中因决策失误被骗了 200 多万元，43 岁的他因此丢掉了工作，与妻子离婚，又背上 200 多万元的巨额债务。

在那个年代，200 万元对于个人而言是令人绝望的巨额数目。在很多人眼中，任正非的余生都要在债务中挣扎度过了。人生至暗时刻，任正非没有向命运低头，为了还清债务，养家糊口，他在"生活所迫，人生路窄"之时，向亲朋好友集资 2 万余元，在深圳湾畔一个杂草丛生的地方创办了华为。

华为创立之初，主要业务是代销交换机，依靠差价获利。当时整个通信市场都被外国企业把持，代销是一种没什么风险，又有回报的业务。经过两年多的发展，华为赚到了一些钱。生活终于峰回路转的时候，任正非又做了一个让所有人都看不懂的决定，他放弃了唾手可得的钱，要做中国自己的程控交换机，撸起袖子搞起了研发，带着华为走上了一条充满风险的技术自立之路。

1991 年，华为租下一座老旧大厦的三楼，开始了自研程控交换机之路。为此，任正非赌上了自己的全部。1993年，华为面临困境，任正非决定改变研究方向，他在研发动员大会上表示，这次研发如果失败了，他只有从楼上跳下去。任正非的"破釜沉舟"之举逼出了华为的自研成果——C&C08数字程控交换机，该产品正式出货不到一年利润就超过了千万元。

1995年，任正非的事业刚有了起色，他的父亲就因意外去世。2001年1月8日，任正非在国外出差时，他的母亲买菜时遭遇车祸，他多次转机回到昆明，只来得及看上母亲最后一眼。

父母的离世对任正非的打击很大，失去至亲的任正非，在工作上也面临重重磨难。公司的发展也遇到了内忧外困，公司该怎么管？未来的方向在哪里？任正非说，那段时间，巨大的压力让他患上了抑郁症，他时常被噩梦惊醒，梦醒时常常哭，身体也被拖垮了，还动了两次癌症手术。

苦难没有打垮任正非，他还是坚毅地选择了战斗。正是这样的艰难困苦，激发出了任正非内心深处不可战胜的信念。他在困境中行动，在行动中坚持，一次次浴火重生，完成蜕变。华为也在他的带领下走出了国门，先后在瑞典斯德哥尔摩、美国西雅图、日本东京等地建立研发中心，并利用自主研发的技术优势挺进俄罗斯市场，进军欧美，征战亚非拉，将华为带到了世界通信行业领先的位置。

从当年"生活所迫，人生路窄"艰难起步于深圳，到破釜沉舟研发C&C08数字程控交换机；从迂回曲折进军海外市场，到5G

研发领先全球；从自研芯片麒麟问世，到智能手机领域做到全球前三；从被美国"大棒"制裁，到昇腾系列问世，搭建中国自己的算力底座……其中有多少艰难困苦，有多少失败和汗水，只有罗曼·罗兰的那句话可以概括："伟大的背后都是苦难！"

任氏智慧

任正非："我们还是要加强对基础的建设，因为华为公司从'游击队作风'转化到'地方部队'，还没有成为'正规军'。你看现在的正规军组织能力有多强，但我们还不够。"

近乎"偏执"的自我批判

> 一个人只有坚持自我批判，才能不断进步。大多数人走上工作岗位后会变成小心眼的人，如果你们的那种小心眼不克服掉，对华为公司的发展不仅不是动力，反而可能是绊脚石，不仅不能使公司壮大，反而会削弱公司的竞争力。
>
> ——任正非

任正非非常重视自我批判，到了近乎"偏执"的程度，不仅自己"吾日三省吾身"，更要求华为员工进行自我批判。在任正非的讲话和发布的电子邮件中，"自我批判"是一个频繁出现的词。华为前高级副总裁胡彦平曾做过一个统计，1996 年至 2017 年，任正非将"自我批判"当作主题的讲话就有十二次，差不多每年都会重复这个主题，例如：《反骄破满，在思想上艰苦奋斗》（1996 年）、《再论反骄破满，在思想上艰苦奋斗》（1996 年）、《在自我批判中进步》（1998 年）、《一个人要有自我批判能力》（1998 年）、《自我批判触及灵魂才能顺应潮流》（1999年）、《为什么要自我批判》（2000年）、《将军如果不知道自己错在哪里，就永远不会成为将军》（2007年）、《自我批判，不断超越》（2014年）……

任正非认为："将军如果不知道自己错在哪里，就永远不会成为将军。"他在2008年核心网产品线表彰大会上反复强调自我批判对华为发展的重要性，指出："只有长期坚持自我批判的人，才有广阔的胸怀；只有长期坚持自我批判的公司，才有光明的未来。自我批判让我们走到了今天；我们还能向前走多远，取决于我们还能继续坚持自我批判多久。"

任正非不仅是自我批判的倡导者，更是自我批判的践行者，他不但对自己批判得很彻底，还乐于接受他人的批判，并将之公之于众。华为"蓝军"就曾发过一份批判任正非的电邮文件，名为《任正非十宗罪》，被任正非看到后贴到了华为心声社区，认为写得很好，还要求全公司都要学习，有错就改，改了就能前进。

在任正非的认知中，人无完人，是人就有优缺点，就会犯错误，自我批判就是不断修正自己的错误的过程，"能从泥坑中爬起来的人就是圣人"。任正非还呼吁华为员工"不要做一个完人"，而是"要充分发挥自己的优点，使自己充满信心去做一个有益于社会的人"，不要为了"修炼做一个完人"压抑自身的优势，抹去身上的棱角，成为一个被驯服的工具。

任正非曾在演讲时说："跌倒算什么？爬起来再战斗……伟大的事业是我们建立，伟大的错误是我们所犯，渺小的缺点人人都有。改正它，丢掉它，朝着方向大致正确，英勇前进，我们一定能到达珠穆朗玛。"任正非认为，如果人的一生将主要精力都用在改造缺点上，不会对人类有任何贡献，要发挥自己的优势，实现比较现实的目标，这样才能增强信心，包括活下去的信心、生命的信心。

强者从不惧怕自我批判，只有勇于自我批判的人才能成为强者。遇到问题多从自身找原因，不把问题归咎于他人，正所谓"中听的话不中用，中用的话难入耳，难入耳的话才是实话，讲实话的人才是关心，关心你的人才会讲真话"，接受批判，并勇于进行自我批判才能实现自我的迭代和进化。

任正非以近乎"偏执"的自我批判精神，为华为构建了一套自我批判体系，自我批判如今已经成了华为的内在基因与特质。正是因为长期保持着公司内部的自我批判，华为才能不断地进步与开拓，成长为令美国都害怕的企业。

任氏智慧

任正非："每个人都发挥自己的优势，也多看看别人的优点，从而减少自己心里太多的压抑，要正确地估计自己。绝大多数人都会比较过高估计自己。我们的豪言壮语如果偏离了我们的实际，你会浪费很多精力，而不能实现你的理想。"

一个为了信念而战的硬汉

> 人生出来最终要死，那何必要生呢？人不努力可以天天晒太阳，那何必要努力以后再去度假晒太阳呢？如果从终极目标来讲，觉得什么都是虚无的，可以不努力，那样就会产生悲观的情绪。
>
> ——任正非

华为缘起于任正非的"生活所迫"，脱胎于任正非的"中华有为"之梦，根植于华为人内心深处的"中华有为"的坚定信念。金一南将军在华为发表演讲时说："华为人始终是'决胜取决于坚如磐石的信念，信念来自专注'的态度。华为就在任正非'中华有为'的坚定信念中高歌猛进，脱胎换骨，屹立于世界科技之林。"

"爱国，为了国家复兴而战"是任正非内心坚定不移的信念。任正非曾说道："我们生命有七八十年，这七八十年中努力和不努力不一样，各方面都会不一样的。在产生美的结果的过程中，确实充满着痛苦。农夫要耕耘才会有收获；建筑工人不惧日晒雨淋，才会有城市的美好；没有炼钢工人在炉火旁熏烤，就没有你的潇洒美丽，没有你驾驶的汽车，而他们不再需要什么护肤品；海军陆战队队员不进行艰苦顽强的训练，一登陆，就会命丧沙滩。"

任正非是这样说的，也是这样践行的。2017年春节期间，73岁的任正非奔赴南美的厄瓜多尔、玻利维亚和巴拉圭等地看望员工。其间，任正非转了三次飞机，克服了高原反应才到达海拔高4000多米、气候恶劣的玻利维亚。之后，他又马不停蹄地去了泰国和尼泊尔，坚持爬到珠峰上去看华为架设的站点。

爬到海拔5200米后，任正非的身体开始支撑不住，只能缓缓地往上走。陪同的员工劝任正非回去，却被任正非果断拒绝了。他说："我要是贪生怕死，怎么让你们去英勇奋斗？"

华为人不仅将5G基站扛上了珠峰，实现了珠峰双千兆网络的全面覆盖，2020年又将最先进的5G网络布到了地下深处，建成了全球最深的地下5G基站。这一次，76岁的任正非又穿上工装，戴上安全帽跟着工人下到了地底，去视察地下5G基站。

任正非早已到了颐养天年的年纪，若非心中"中华有为"的坚定信念，又如何能驱动他要战斗到生命最后一刻？余承东在接受采访时说："任总他老人家都不注重个人利益，我余承东能计较个人利益吗？我们受的教育就是'国家利益高于集体利益，集体利益高于个人利益'。"

金一南将军认为："真正有血性的人性才是完整的人性，缺乏血性的人性，就可能滑入奴性……血性是会夭折的，所以需要养护，需要培育；血性也是会沉睡的，所以需要唤醒，需要点燃。"

任正非就是为华为注入血性，养护血性，点燃血性的人。金一南将军感叹道："当初将任正非的钱骗走的那个骗子，成就了如今中国最伟大的企业家。"血性永远是中国军人的刀锋，军人出身的任正非将军人的血性和对祖国深沉的热爱，传承给了华为人，成了华为的魂。

正如任正非所说："时代在呼唤我们，祖国的责任、人类的命运要靠我们去承担，我们处在这个伟大的时代，为什么不用自己的青春去创造奇迹？人的生命只有一次，青春只有短短的几十年，而关键时刻，往往就是几步，我们要无怨无悔去度过它。我们的目的一定会达到，也一定能达到。"

任氏智慧

任正非："人和人的差距是永远存在的。同一个父母生下的小孩，也是有差距的，更何况你们不同父母。当自己的同学、同事进步了，产生了差距，应该判别自己是否已经发挥了自己的优势，若已经发挥了，就不要去攀比；若没有发挥好，就发挥出来。"

参考资料

［1］鲁青虎．华为的意志：华为经营逻辑的引擎［M］．北京：人民邮电出版社，2022.

［2］华为大学．熵减，华为活力之源［M］．北京：中信出版社，2019.

［3］陈广．任正非：华为的冬天——唯有惶者才能生存的冬天哲学［M］．深圳：海天出版社，2015.

［4］黄卫伟．以客户为中心：华为公司业务管理纲要［M］．北京：中信出版社，2016.

［5］王民盛．华为崛起［M］．北京：台海出版社，2019.

［6］叶光森．任正非思维：华为取胜的关键之道［M］．北京：团结出版社，2020.

［7］黄卫伟．以奋斗者为本：华为公司人力资源管理纲要［M］．北京：中信出版社，2014.

［8］吴春波．华为没有秘密［M］．北京：中信出版社，2016.

［9］华为心声社区．《人才很关键，面试最重要》，2020 年 10 月 31 日．

［10］华为心声社区．《星光不问赶路人》，2020 年 6 月 19 日．

［11］华为心声社区．《我的父亲母亲》，2015 年 7 月 1 日．

［12］华为心声社区．《若果有人拧熄了灯塔，我们怎么航行》——任正非在复旦大学、上海交大、东南大学、南京大学座谈时的发言纪要，2020 年 10 月 31 日．

［13］华为心声社区．《向上捅破天，向下扎到根》——任总访问北京大学、清华大学、中国科学院等学校与部分科学家、学生代表座谈的发言，2020 年 1 月 4 日．

［14］华为心声社区．《任总在运营商 BG 组织变革研讨会上的讲话》，2019 年 8 月 19 日．

［15］华为心声社区．《任总在持股员工代表大会的发言摘要》，2013 年 4 月 28 日．

［16］华为心声社区．《一杯咖啡吸收宇宙的能量》——任总与上研专家座谈会上的讲话，2014 年 5 月 23 日．

［17］华为心声社区．《遍地英雄下夕烟，六亿神州尽舜尧》——任总在四季度区域总裁会议上的讲话，2014 年 12 月 22 日．

［18］华为心声社区．《任总接受国际媒体采访纪要》，2019 年 1 月 21 日．

［19］华为心声社区．《任总接受〈华尔街日报〉采访纪要》，2020 年 5 月 6 日．

［20］华为心声社区.《任总 2020 世界经济论坛发言纪要》，2020 年 3 月 2 日.

［21］华为心声社区.《任总与 2020 年金牌员工代表座谈会上的讲话》，2021 年 6 月 26 日.

［22］华为心声社区.《紧紧围绕客户，在战略层面宣传公司》——任总在华为品牌战略与宣传务虚会上的讲话纪要，2013 年 2 月 19 日.

［23］华为心声社区.《任总接受〈经济学人〉采访纪要》，2019 年 11 月 1 日.

［24］华为心声社区.《任总接受中国媒体采访纪要》，2019 年 7 月 1 日.

［25］华为心声社区.《在大机会时代，千万不要机会主义》——任总与消费者 BG 管理团队午餐会上的讲话，2014 年 4 月 17 日.

［26］华为心声社区.《你们今天桃李芬芳，明天是社会的栋梁》——任总与战略预备队学员和新员工座谈会上的讲话，2020 年 9 月 3 日.

［27］华为心声社区.《江山代有才人出》——任总在中央研究院创新先锋座谈会上与部分科学家、专家、实习生的讲话，2021 年 11 月 1 日.